LIEBE DEINEN HUND

BEWUSST LEBEN – BEWUSST FÜTTERN

Oli Petszokat

LIEBE DEINEN HUND

BEWUSST LEBEN – BEWUSST FÜTTERN

Haftungsausschluss

Autor und Verlag haben den Inhalt dieses Buches mit großer Sorgfalt und nach bestem Wissen und Gewissen zusammengestellt. Für eventuelle Schäden an Mensch und Tier, die als Folge von Handlungen und/oder gefassten Beschlüssen aufgrund der gegebenen Informationen entstehen, kann dennoch keine Haftung übernommen werden.

IMPRESSUM

Copyright © 2015 by Cadmos Verlag, Schwarzenbek

Satz: Pinkhouse Design, Wien
Titelgestaltung und Layout: www.ravenstein2.de
Coverfoto: Max Sonnenschein
Fotos im Innenteil: Beuteküche, Stephanie König,
Pauline Petszokat, Oli Petszokat, Max Sonnenschein,
Tali Photography
Lektorat: Alessandra Kreibaum

Druck und Bindung: Westermann Druck, Zwickau

Deutsche Nationalbibliothek – CIP-Einheitsaufnahme
Die Deutsche Nationalbibliothek verzeichnet diese
Publikation in der Deutschen Nationalbibliografie;
detaillierte bibliografische Daten sind im Internet
über http://dnb.ddb.de abrufbar.

Printed in Germany

ISBN: 978-3-8404-2513-4

INHALT

(Foto: Max Sonnenschein)

(Foto: Max Sonnenschein)

ZU BEGINN

Schön, dass es dazu gekommen ist, dass du diese Zeilen hier liest. Auf den kommenden Seiten möchte ich dir einen Einblick in mein Hundeleben, in meine Gedanken und Erfahrungen geben. Ich selbst bin Hundenarr seit ich denken kann und seit neun Jahren Hundehalter einer großen Mixdame und einer kleinen reinrassigen Hundedame. In den letzten Jahren arbeitete ich sehr viel mit Martin Rütter und seinem Trainerteam zusammen – auch abseits vom TV-Bereich. Aber nicht nur seine Trainingsmethoden sind mir geläufig. Für mein Yahoo-Format „Olis Hundeleben" interviewte ich auch Trainer mit anderen Ansätzen und Philosophien. Dazu später aber mehr.

Mein Schwerpunkt in der Hundewelt ist die Ernährung. Durch die Erkrankung der kleinen Bullydame Pontus kam es vor vielen Jahren zu den ersten Aufklärungsmomenten. Seit über drei Jahren führen meine Frau und ich einen Hundeladen in der Kölner Südstadt – Schwerpunkt Barf und Ernährung.

Dazu kommt ein Sortiment an Accessoires und Spielzeug, Betten und Sicherheitslösungen, die unserer Meinung nach Sinn machen und nicht nur Tinnef sind. Seit zwei Jahren halte ich auf nationalen und internationalen Messen, in Tierhandlungen und Großmärkten, vor Groomern, Verkäufern und Züchtern Vorträge über Hundeernährung. Warum das Ganze? Weil es mich einfach ehrlich interessiert und erfüllt. Deshalb findet ihr hier im Buch einen längeren Aufklärungsteil rund ums Thema Frischfütterung. Vieles habe ich während meiner täglichen Arbeit in unserem Laden mit Hunderten Kunden und Hunden erlebt und gelernt. Etliche Geschichten und Schicksale habe ich durch Gespräche und den ständigen Austausch, der uns Hundehalter ausmacht, erfahren. Viele Drehs mit Hunden, Insekten, Kamelen, Bären, Nilpferden et cetera haben meine Sicht auf die Tierwelt verändert. In diesem Buch zeige ich euch meine Idee vom Leben mit Hund. Denn ohne geht es einfach nicht!

STARTERBASICS

Am Anfang steht die Frage: „Ist man ein Hundemensch oder nicht?" Ich kann mir generell nicht vorstellen, dass man Hunde nicht mag. Jedoch kann ich verstehen, dass man Respekt vor ihnen hat – gerade wenn man sich nicht so sehr mit Hunden auskennt oder keine Hunde in seinem Umfeld hat. Respekt sollte man eigentlich vor jedem Lebewesen haben. Zusammenleben mit Hund geht meiner Meinung nach nur, wenn man sich kennt, sich vertraut und sich liebt. Davon handelt dieses Buch: gemeinsam leben, reisen, spielen, essen, träumen.

Wir Menschen treffen die Entscheidung, dass sich bestimmte Hunde paaren. Wir Menschen entscheiden, welcher Hund aus welchem Wurf in welche Hände gelangt. Wir entscheiden, wie das Leben unseres Hundes weitergeht, wo er wohnt, wie er wohnt, ob er lange alleine sein muss, was in seinen Napf kommt, womit er spielen und mit wem er spielen darf, ob er selber Kinder bekommen darf, ob er auf die Couch oder das Bett und vor Freude hochspringen und bellen darf und vieles mehr.

Ich hoffe so sehr, dass sich die jeweiligen Frauchen und Herrchen darüber bewusst sind, was das für eine große Verantwortung ist: Die Verantwortung, sich ein Lebewesen als Familienmitglied zu holen, das sich leider nicht so deutlich mitteilen kann, wie es ein Kind ab einem bestimmten Alter kann. Der Hund wird uns leider nie sagen können: Danke fürs Essen, ich muss mal, ich bin müde, mir tut etwas weh, ich hab Angst vor Dunkelheit, ich mag keinen Regen ... Ich liebe dich. Besser gesagt: Er kann uns das zwar nicht mit Worten sagen, aber er kann uns all seine Emotionen zeigen. Es liegt an uns, unseren Freund, den Hund, zu verstehen, ihn kennenzulernen. Von seiner Seite aus ist alles da. Alles ist ehrlich: jeder Blick und jedes Gefühl. Wenn man das erkennt, hat man die Chance, eine gewaltig tiefe Bindung mit seinem Hund einzugehen, ein Team, eine Familie zu sein – vom ersten bis zum letzten Tag.

Phoebe – mein erster Hund. Wir verstehen uns ohne ein Wort. (Foto: Max Sonnenschein)

Wenn man sich einen Hund holt, sollte man ehrlich zu sich sein:

- Wie ist meine finanzielle Situation?
- Wohne ich auf dem Land oder in der Stadt?
- Muss mein Hund viele Treppen steigen?
- Bin ich beruflich so aufgestellt, dass der Hund nicht lange alleine sein muss?
- Habe ich ein hundefreundliches Umfeld?
- Was weiß ich eigentlich über Hunde?

Durch jahrelanges Leben und Arbeiten mit Hunden haben sich einige meiner Ansichten geändert. Viele Antworten auf viele Fragen haben sich von selbst erschlossen. Vieles wusste ich anfangs aber selber nicht – oder ich hatte mir einfach keine Gedanken darü-

ber gemacht. Im Nachhinein hätte ich mir gewünscht, mehr Informationen rund um das Thema Hund gehabt zu haben – gerade was die Ernährung betrifft, ein wahnsinnig wichtiges Thema.

Aber welcher Hund?

Der Volksmund sagt: der Hund, der beste Freund des Menschen. Deshalb sage ich: Behandeln wir ihn auch so.

Seit über 15 000 Jahren leben und arbeiten Mensch und Wolf, der Mensch und der Hund zusammen. Alleine in Deutschland leben über fünf Millionen Hunde. Hunde verschiedener Rassen und Promenadenmischungen.

Der Weg vom Wolf zum Haushund war kein Weg der natürlichen Auslese. Der Mensch hat sich sehr stark in die Evolution eingemischt. Aber wenn wir ehrlich sind, tut er das ja eigentlich immer.

In diesem Fall kann man wirklich sagen: ein Glück. Der Mensch hat damals angefangen, die zahmsten und liebsten Wölfe miteinander zu paaren. Daraus resultieren die uns heute bekannten Hunderassen.

Der Dachverband der Hundezüchter, kurz VDH genannt, vereinigt 8000 Züchter in 156 Zuchtvereinen. Der VDH hat über 650 000 Mitglieder. Wenn man sich für einen reinrassigen Hund entscheiden sollte, wäre der VDH die Adresse, an die man sich wenden sollte. Er garantiert hohe Standards bei den jeweiligen Züchtern.

Es ist auch eine tolle Variante, in eines der zahlreichen Tierheime zu gehen und einem der dort untergebrachten Hunde eine zweite Chance auf ein liebevolles neues Leben zu geben.

Der größte Dachverband in Deutschland ist der Deutsche Tierschutzbund, der etwa 700 Tierschutzvereine mit rund 500 vereinseigenen Tierheimen vertritt.

In den Tierheimen gibt es alle Arten von Hunden: reinrassige Hunde, Promenadenmischungen, junge Hunde, mittelalte und alte Hunde. Warum sie im Tierheim gelandet sind, hat viele verschiedene Gründe. Oftmals waren die Halter überfordert. Das kann an mangelnden Kenntnissen oder am zu hohen Alter liegen. Einige Hunde stammen von Menschen, die mit dem Gesetz in Konflikt geraten sind und sich für längere Zeit im Gefängnis befinden. Leider sind es auch immer wieder sogenannte schwer vermittelbare Hunde, die den Weg ins Tierheim finden. Wenn ich in einem Tierheim bin, tut mir jedes Mal das Herz weh, wenn ich sehe, dass Lebewesen eingesperrt auf ein neues Zuhause warten. Viele Staffords zum Beispiel legen sich die Menschen aus Coolness zu – und entsorgen sie leider manchmal genauso schnell wieder.

Unser nächster Hund wird auf jeden Fall aus einem Tierheim sein. Ich verstehe es einfach nicht, dass Menschen so verantwortungslos mit Lebewesen umgehen, und dass es gang und gäbe ist, diese einfach wie Sperrmüll oder ein ungeliebtes Spielzeug wegzuwerfen. Deswegen sollte die erste Überlegung sein: Will ich einen Hund vom Züchter oder aus dem Tierheim?

Meiner Meinung nach sollte ein Hund kein schmückendes Accessoire sein. Der Hund ist ein Lebewesen und wird zum Familienmitglied. Das sollte passieren, weil man seine Hunde liebt und nicht aus einer fixen Idee oder einem „Oooh-ist-der-süß-Moment" heraus.

Auch wenn man Riesenfan einer bestimmten Rasse sein sollte und unbedingt einen bestimmten Hund haben will, sollte man vor der Anschaffung einige Punkte beachten. Man sollte auf jeden Fall Informationen über die gewünschte Rasse einholen:

- Braucht der Hund eher viel Auslauf oder reicht ihm auch etwas weniger Bewegung?
- Ist er verträglich mit Kindern oder anderen Hunden?
- Stellt mehrere Stockwerke Treppen laufen möglicherweise im Alter ein Problem da?
- Wie sieht das Portemonnaie aus?

Pontus: Der Napoleon unserer kleinen Familie.
Klein, aber der Chef im Haus. (Foto: Max Sonnenschein)

Wie wohnen wir?

Momentan wohnen wir noch im dritten Stock in einem Haus in der Kölner Südstadt. Unsere kleine Bulldogge könnten wir auch im hohen Alter noch die Treppen hinauftragen. Genauer gesagt: Die kleine Ponti wird bestimmt hoffentlich noch zehn Jahre leben. Das bedeutet, dass ich dann Ende 40 sein werde. Da wird es normalerweise kein Problem sein, eine kleine Bully von zehn Kilogramm in die Wohnung zu tragen. Unsere Große, Phoebe, jetzt neun Jahre alt, wird in zehn Jahren möglicherweise auch noch da sein. Da Labradore und Labradormix-Hunde gerne mal Hüftprobleme bekommen (ist leider aus ihrem Wurf auch schon einigen passiert) bedeutet das, dass es eher nicht mehr funktionieren wird, dort in zehn Jahren noch zu leben. Ihre 25 Kilogramm stellen später eine erheblich größere Hürde dar.

Generell sagt man aber, dass Mobilität vorbeugt – bei uns Menschen, aber auch bei den Hunden. So lange sie die Treppen noch problemlos laufen kann, soll sie das auch tun. Wenn irgendwann Schmerzen eintreten sollten, wäre das natürlich nicht mehr optimal. Zum Glück gibt es heutzutage tolle Rehamaßnahmen für Hunde. Ich durfte zum Beispiel einmal bei Gangwerk (Wassertherapie) in Düsseldorf drehen – fantastisch, wie den Hunden dort geholfen wird. Aber zurück zur Wohnsituation: Ich finde, man sollte sich ehrlich diese Gedanken machen, bevor man sich einen Hund anschafft. Wenn ich jetzt zum Beispiel 60 Jahre alt wäre, im dritten Stock wohnen würde und mir eine Bordeauxdogge holen wollte, ist das definitiv nicht perfekt zu Ende gedacht. Wohne ich im Erdgeschoss und/oder habe sogar einen angeschlossenen Garten, ist es etwas anderes. So hätte der Hund auch bei fehlender Mobilität meinerseits immer die Chance, draußen herumzutollen und zu spielen.

Und die finanzielle Seite?

Ich hoffe, da sieht es gut aus. Was ich genau damit meine, ist Folgendes: Der Beruf ist in zweierlei Hinsicht mitentscheidend, was die Hundeauswahl betrifft. Erstens sollte man sich bei der Anschaffung eines Hundes darüber im Klaren sein, dass es durchaus ein kostenintensives Unterfangen sein kann. Das haben wir bei unserer Bully gemerkt. Da hätte man eigentlich denken können, dass ein knapp zehn Kilogramm leichter Hund günstiger im Unterhalt ist als unsere große Phoebe. Tja, eigentlich. Denn so ein Hund kostet nicht nur in Anschaffung und Futter – das kommt später genauer –, sondern bedarf auch einiger weiterer finanzieller Aufwendungen.

Zunächst sind da die Dinge, die man auf jeden Fall haben sollte: Halsband, Leine, bei Bedarf Geschirr, Hundebett, Essensnapf, Trinknapf, mögliches Spielzeug, falls Auto vorhanden eine Autosicherheitslösung (da auf jeden Fall das Geschirr verwenden). Bei diesen Sachen habe ich in den letzten neun Jahren mit Hund gelernt: Lieber einmal mehr Geld ausgeben und eine gute Qualität zulegen, als immer wieder aufs Neue die Sachen in günstig zu holen. Zum Beispiel im Halsband-/Leinenbereich haben unsere zwei Damen einmal eine hochwertige Ledervariante, für matschige Ausflüge aber die Kunststoffvariante, die man auch nach heftigstem Schlammpfützenspaß mit einem Feuchttuch wieder blitzeblank bekommt. Früher habe ich oft günstige Nylonleinen oder qualitativ nicht ganz hochwertige Lederleinen geholt. Das Resultat waren nach geraumer Zeit zerfranste und ausgeleierte Leinen, die immer wieder ersetzt werden mussten. Die Billigvarianten haben mich in der Masse am Ende mehr gekostet als die jetzt verwendeten hochwertigen Leinen.

Genau das Gleiche trifft auch auf die Bettenwahl zu. Da unsere Damen gebarft werden, bekommen sie auch zweimal die Woche frische, rohe, fleischige Knochen, die sie genüsslich in ihrem Bettchen aufknuspern. Es ist oft bei Hunden so, dass sie ihre „Beute" lieber im Körbchen als auf blankem Parkettboden oder Fliesen essen wollen. Ich denke, dass wir früher jedes Jahr mindestens drei- bis viermal die Betten gewechselt haben, weil trotz Waschens, Absaugens et cetera. der Raumduft eher unschön wurde. Mittlerweile benutzen wir eine super robuste Kunstledervariante mit Viscomatratze. Die ist einerseits sehr bequem, andererseits megahygienisch, da sie einfach mit einem Feuchttuch auf Vordermann zu bringen ist.

Qualität und Verarbeitung sind auch bei der Auswahl des Spielzeuges sehr entscheidend, will man nicht andauernd nachkaufen. Erlaubt ist alles, was Spaß macht, hält und nicht leicht zu verschlucken ist. Durch meine Arbeit mit Filmtiertrainer Dirk Lentzen habe ich gelernt, dass es besser ist, Spielzeug zu benutzen, das nicht quietscht. Wenn man unbedingt aufgrund des Aussehens oder des Spielspaßes eines auswählt, das dennoch Geräusche macht, sollte man gemäß Dirk Lenzens Rat das Geräusch abschalten, sprich mit einer Nadel oder Schere unschädlich machen. Warum? Ganz einfach: Beim Spielen mit einem „Quietschi" lernt der Hund, dass es Spaß macht und dass er möglicherweise sogar gelobt wird, wenn er auf etwas beißt, was Lärm macht. Im schlimmsten Fall könnte passieren, dass ein Hund Baby- oder Kindergeschrei mit dem Spielzeuggeräusch verknüpft und dann aus Spielfreude im verkehrten Moment einmal zubeißen könnte. Also: Lieber stummes Spielzeug benutzen.

Accessoires sind sehr wichtig im Leben mit Hund. Nur sollten sie sinnvoll und von guter Qualität sein! (Foto: Oli Petszokat)

Bei der Napfwahl ist entscheidend: Isst der Hund gerne daraus? Hat er einen festen Stand? Ist er einfach zu reinigen? Kann ich je nach Fütterung auch mal etwas geruchsneutral im Kühlschrank oder auf der Arbeitsplatte in der Küche draußen lassen?

Das wären jetzt grob die Starterbasics. Ich schreibe das nur so genau auf, da ich auch schon anderes Verhalten und andere Ansichten von Hundehaltern erlebt habe. So kam zum Beispiel vor einiger Zeit ein Vater mit seiner Tochter und einem Welpen zu uns in den Laden. Ohne Halsband, ohne Leine, ohne sich über Fütterung und so weiter im Voraus Gedanken gemacht zu haben. Spontankauf für die Tochter. Da gab es erst mal

eine ehrliche Vollberatung – für uns selbstverständlich. Das muss aber nicht in jedem Markt klappen, gerade was Futter betrifft.

Fassen wir zusammen: Diese ganzen Basics sollten auf jeden Fall im Budget sein. Auch sollte man sich darüber im Klaren sein, dass immer etwas kaputtgehen kann oder der Hund aufgrund des Wachstums alles noch mal in größer brauchen wird. Apropos kaputtgehen: Eine Tierhaftpflicht ist ein echtes Muss für jeden Hundehalter. Kostet nicht die Welt, sichert aber einige Schäden ab, die der Hund verursachen könnte. Unsere kleine Bully überraschte uns schon in jungem Alter mit allerlei Extrakosten. Sie reagierte sehr heftig auf verschiedene Futtermittel, hatte

Phoebe liebt das Wasser, als halber Labrador verständlich.
Pontus traut sich nach und nach heran. (Foto: Max Sonnenschein)

immer wieder regelrechte Allergieschocks und schwoll am ganzen Körper an. Was damals alleine an Arztkosten monatlich zusammengekommen ist, geht locker in die Hunderte. Es wäre schade, wenn man sich einen Hund anschafft und das Finanzielle nicht ausreichen würde, um solche Eventualitäten abzudecken.

Reicht die Zeit?

Ganz wichtig ist zu überlegen, wie viel Zeit neben dem Job noch bleibt. Im Bestfall ist der Hund verträglich mit jedermann. Das würde es bei einem hundefreundlichen Arbeitgeber möglich machen, den Hund einfach mit zur Arbeit zu nehmen. Das wäre perfekt. Einige meiner Freunde haben dieses Privileg. Das ist aber eher die Seltenheit. Viele Hunde können nicht mit ins Büro, die Fabrik, kurz gesagt, mit zum Job genommen werden. Das muss man so akzeptieren. Aber man hat es selbst in der Hand, dem Hund die Zeit, in der man nicht zu Hause ist, schön zu machen.

Jeder Hund hat seinen ganz eigenen Charakter. Das bedeutet, dass manche Hunde mit dem Alleinebleiben weitaus weniger Probleme haben als andere. Es liegt an uns, dies zu erkennen und dementsprechend zu handeln.

Entweder man konsultiert einen Trainer und tastet sich zusammen langsam heran. Oder man schaut in seinem Umfeld, ob es nicht doch die eine oder andere Möglichkeit gibt, seinen Hund während der Arbeitszeit unterzubekommen.

Unsere Damen sind zum Beispiel regelmäßig für drei Stunden mit einem stets gleichen Rudel auf Gassi-Abenteuer-Runde.

Es gibt viele Anbieter in diesem Bereich. Wichtig ist das Vertrauen. Das gilt ebenso für Hundetagesstätten. Auch in diesem Bereich haben wir nach langem Suchen eine gute Lösung gefunden. Vor allem ist es wichtig, dass der Hund sich wohlfühlt. Deswegen die Empfehlung: am besten immer im gleichen Rudel. Bei eher ängstlichen Hunden könnte es zum Beispiel bei ständig wechselnden Rudeln zu Stress und Angstsituationen kommen, die eher schaden als helfen.

Manchmal hat man aber auch Glück, dass die eigene Familie, Freunde oder Bekannte regelmäßig Zeit haben oder jemanden kennen, der etwas mit dem Hund unternehmen kann, wenn man arbeiten ist. Auch da gilt: Lieber wenige Wechsel bei den Betreuern und bei möglichen anderen Hunden, die vielleicht in der Zeit dabei sind. Es gibt aber auch Hunde, die das nicht juckt.

Unserer kleinen Bully ist eher alles schnurz. Sie ist eh die Königin der Welt und sehr selbstbewusst. Sie macht zur Not auch mal eine Ansage, wenn sie keine Lust auf etwas oder jemanden hat. Bei der großen, Phoebe (sprich Fibi) sieht es genau umgekehrt aus. Sie ist wahnsinnig sensibel, was im Zusammenleben mit ihr kein Problem darstellt – ganz im Gegenteil. Im Umgang mit fremden Menschen oder Hunden ist das aber eher kontraproduktiv.

Deswegen auch in diesem Punkt: Vor der Anschaffung des Hundes überlegen, ob und wie die Betreuung des Hundes gewährleistet ist. Man sollte sich keinen Hund holen, wenn man weiß, dass man mindestens den halben Tag weg ist und keine Betreuungsmöglichkeiten hat. Dass die Betreuung auch mit Ausgaben verbunden ist – und das nicht zu knapp –, wenn man niemanden aus der Familie hat oder seinen Hund mit zur Arbeit nehmen kann, sollte einem bewusst sein. Die Kosten können sich locker auf circa 350 Euro pro Monat belaufen.

Bei einem hochwertigen Futter kämen, je nach Größe, monatlich von 30 Euro bei kleinen Hunden bis zu 120 Euro (Labradorgröße) oder mehr dazu. Dazu ausführlich im nächsten Punkt. Das zeigt, dass alleine durch Betreuung und Futter 400 Euro und

mehr im Monat anfallen könnten – ohne Spielzeug oder Ähnliches.

Auch die Arztkosten, die anfallen könnten, sind noch nicht eingerechnet, ebenso wenig etwaige Impfungen und/oder Wurmkuren.

Also bitte ehrlich mit sich selbst sein und die Lebenssituation richtig einschätzen. Und wenn es leider nicht im Bereich des Möglichen ist, sich einen Hund zu leisten, könnte man immer noch regelmäßig Hunde aus dem Tierheim ausführen. So hat man je nach freier Zeit jeden Tag die Chance, ganz nah am Tier zu sein. Die Tierheimmitarbeiter werden dadurch entlastet und die Hunde würden sich auch freuen.

Schön zu wissen, dass es den Hunden gut geht und sie eine perfekte Zeit im Rudel haben, auch wenn man selbst nicht dabei ist. (Foto: Stephanie König)

Und endlich das Futter

Als letzter Punkt kommt jetzt das Futter. Das gibt es, wie bei uns Menschen auch, vom Billigsegment bis ins Hochpreisige. Hier sollten wir uns im Vorfeld Gedanken machen. Wie will ich füttern? Trocken? Dose? Barf? Und vor allem: Was kostet mich das Ganze zum Schluss?

Es macht meiner Meinung nach keinen Sinn, sich zum Beispiel einen großen Hund, wie etwa eine Deutsche Dogge oder einen Kangal zu kaufen und am Futter zu sparen. Dann lieber einen kleineren Hund auswählen und artgerecht und qualitativ hochwertig füttern.

Seitdem wir die Fütterung auf Barf umgestellt haben, geben wir zwar ein bisschen mehr aus als damals für das Trockenfutter. Dafür wissen wir, was wir füttern und dass es unseren Hunden seitdem richtig gut geht und keine Unverträglichkeiten oder allergische Schocks mehr aufgetreten sind.

Bevor wir zu den einzelnen und einfachen Schritten des Barfens kommen, möchte ich die beiden Damen vorstellen, durch die es überhaupt dazu gekommen ist, dass ich mich dem Barfen angenähert und gemeinsam mit meiner Frau einen Barfladen eröffnet habe. Ohne diese beiden Hundedamen hätten wir wahrscheinlich nie den wichtigsten Schritt unseres Lebens getan.

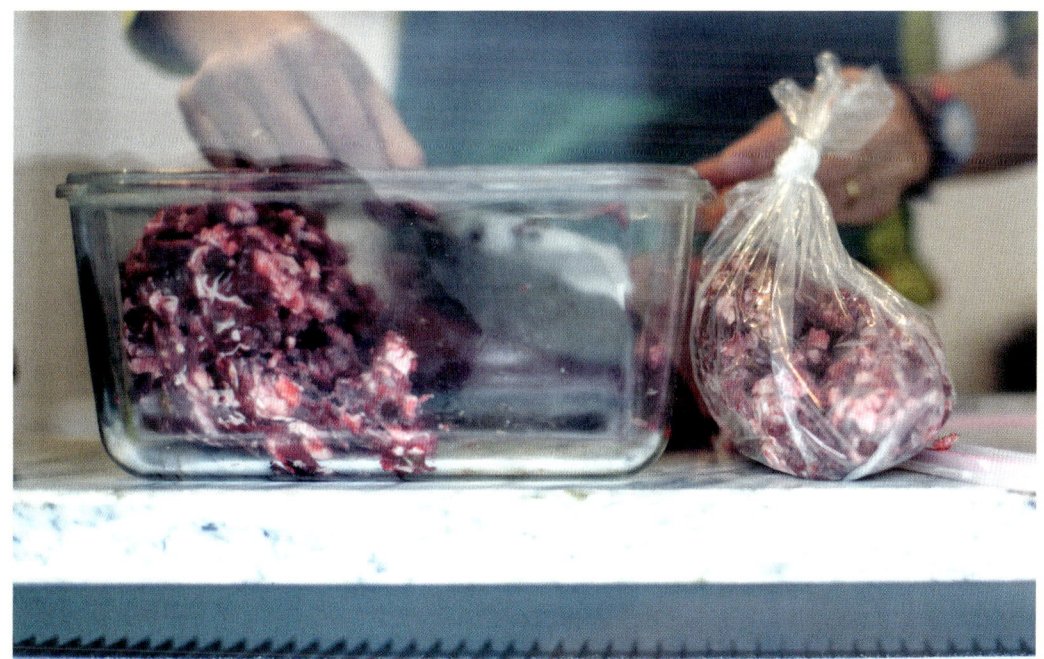

Da Hunde Omnivoren und Fleischfresser sind, sollten sie unter anderem auch das bekommen: Fleisch! (Foto: Max Sonnenschein)

WIE ICH ZUM HUND KAM

Ich fange am besten tief in meiner Erinnerung an – in der jüngsten Kindheit. Meine Tante Elfriede hatte einen Rauhaardackel namens Pelle. Ich kann mich genau daran erinnern, dass ich bei Besuchen bei ihr in Eutin als kleiner Knirps meist unter dem Küchentisch saß und den Hund streichelte, während die Erwachsenen oben quatschten oder Karten spielten. Bei Pelle fühlte ich mich wohl und konnte nur mit holsteinischem Katenschinken hervorgelockt werden. Das bedeutet zurückblickend, dass die erste Erinnerung an einen Hund mehr als positiv war.

Ich weiß nicht warum, aber je älter ich wurde, umso mehr Angst hatte ich, wenn mir ein fremder Hund entgegenkam. Es war ein regelrechtes Gefühl von Panik. Ich habe wirklich keine Ahnung, woher das auf einmal kam. Man könnte mutmaßen, dass mich meine Eltern bei entgegenkommenden Hunden extra zur Seite genommen hätten und dadurch unterbewusst Angst geschürt haben. Ich weiß es nicht. Auf einmal war sie da, die Panik. Jeder Weg zur Schule wurde zur Tortur, wenn mir ein Hund entgegenkam. Wenn ich heutzutage unterwegs bin und sehe, dass der mir Entgegenkommende Angst hat, gehe ich demonstrativ auf die andere Seite und halte die Leine kurz. Ich wünschte mir, dass das in meiner Kindheit auch so gewesen wäre. Möglicherweise hätte ich dann weniger Angst gehabt und hätte mich langsam wieder auf Hunde einlassen können. Das geschah erst, als mein bester Freund Marek einen Hund bekam: Halko, einen Cocker Spaniel.

Die Zeit mit Halko

Als ich ihn das erste Mal sah, wusste ich, dass es der Beginn einer echten Freundschaft war. Er war so unfassbar freundlich, schlau, verschmust, verspielt und treu. Für mich war Halko ein gleichwertiger Freund. Wenn er nicht dabei war, habe ich ihn immer wirklich vermisst.

Ich weiß es noch wie heute, dass ich mich immer auf den Boden gelegt, meinen Kopf unter meinen Händen und Armen vergraben habe und er immer versucht hat, an mein Gesicht zu kommen, um mich abzuschlecken. Er apportierte, gehorchte aufs Wort und war einfach der absolut coolste Hund der Welt für mich.

Oftmals ging ich nur zu Marek, um mit Halko zu spielen. Das darf er natürlich niemals erfahren. Aber auch zu dritt waren wir ein super Team. Wir wollten immer freiwillig mit Halko zum Gassigehen raus, wobei es kein „Schnell-Pipi-machen-Gassi" war, sondern immer zu einem mindestens zweistündigen Abenteuer im Wald führte.

In Berlin Spandau, Hakenfelde, wohnten wir direkt neben dem Spandauer Stadtforst. Zwei Minuten geradeaus und man stand im Wald. Jetzt, wo ich mir das wieder vor Augen führe, merke ich, wie sehr mir das Leben nah an der Natur fehlt. Gerade mit meinen Hundedamen wäre das der ideale Ort.

Mit Halko flitzten wir durchs Unterholz, an den Hirsch- und Wildschweingehegen vorbei bis zu einer großen Lichtung, auf der wir immer Stöckchen schmissen und Verstecken spielten. Es war eine tolle Zeit – bis ich meinen Eltern eröffnete, dass ich unbedingt auch einen Hund haben wolle. Sie freuten sich zwar, dass ich so ein großer Hundefreund war, aber einen Hund anzuschaffen kam für sie nicht infrage. Meine Mutter war damals halbtags berufstätig, mein Vater als Polizist von morgens bis nachmittags unterwegs. Ich hatte selber fünf Tage die Woche Schule und ging außerdem noch so gut wie jeden Tag zum Tanztraining.

Nachträglich betrachtet war die Entscheidung meiner Eltern die richtige. Es macht keinen Sinn sich einen Hund anzuschaffen, wenn man weiß, dass man nicht da sein kann, um sich um ihn zu kümmern.

Da fällt mir die Geschichte einer Besucherin in unserem Laden ein. Sie sagte uns, dass sie eine ganztags Hundepension suche. Wir fragten genau nach und erfuhren, dass sie noch keinen Hund hatte, sondern sich einen zulegen wollte, obwohl sie schon von Anfang an wusste, dass sie keine Zeit haben würde.

Nicht vorstellbar, früher ohne Hund gelebt zu haben. Nie wieder ohne!
(Foto: Max Sonnenschein)

Kaum ist ein Stock oder ein
Ball im Spiel, ist Pontus dabei.

Das lässt Phoebe sich nicht entgehen:
Kontrolliertes Spielen mit dem Stock.

Wer springt höher?
Natürlich der kleine Grashüpfer Pontus.

Ich will nach Hause, aber Pontus lässt irgendwie
nicht locker. (Fotos: Max Sonnenschein)

Ich kann so etwas einfach nicht verstehen. Wir teilten ihr unsere Ansicht mit und haben sie seitdem nicht mehr gesehen. Ich hoffe inständig, dass sich die Dame keinen Hund geholt hat.

Zurück in meine Kindheit: Da stand ich nun komplett verheult und verständnislos ob der Entscheidung meiner Eltern – unumgänglich, hundelos. Mir blieb nichts anderes übrig als das zu akzeptieren. Ich verbrachte noch viele Jahre sehr viel Zeit mit Halko.

Manchmal kommt es anders …

Eines Tages zog es mich zusammen mit meiner jungen eigenen Familie nach Köln. Nachdem ich sehr früh Vater wurde und beruflich auf Bühnen und vor Kameras ziemlich eingespannt war, kam es für mich auch dann nicht infrage, dass wir uns einen Hund zulegen würden. Das änderte sich aber, als es sich ein wenig beruhigte und ich mit geregelten Zeiten für eine Produktion in Köln arbeitete, für die ich auch nicht dauernd umherreisen musste. Dann kam der Tag, an dem sich alles ändern sollte.

Aber es fing anders an, als man denken mag. Mein Sohn wünschte sich ein Baumhaus. Das hat zwar auf dem ersten Blick nichts mit einem Hund zu tun, brachte mich aber endlich zu meinem Glück!

Da ich nicht wirklich der allerbeste Handwerker bin, zermarterte ich mir den Kopf, wie ich das bloß schaffen sollte, so eine Konstruktion durchzuführen, ohne unserer aller Leben in Gefahr zu bringen. Da kam mir die

beste Idee meines Lebens. Ich sagte meinem Sohn, dass es vielleicht keine so tolle Sache sei, das Baumhaus. Er würde bestimmt nicht lange darin spielen und ob er sich nicht viel mehr über einen Hund freuen würde. Seine Augen wurden immer größer und er jubelte los. Er war froh. So hatte ich drei Fliegen mit einer Klappe geschlagen.

Mein Sohn war glücklich, ich musste kein Baumhaus bauen und ich hatte endlich die Chance auf den ersten eigenen Hund. Als die Entscheidung feststand, kamen die Gedanken, was es überhaupt für ein Hund werden sollte und wie man das Ganze angeht.

Wir fragten zunächst in unserem gesamten Freundeskreis herum, wer welche Erfahrungen mit welcher Rasse gemacht hat, wo er den jeweiligen Hund geholt hatte und so weiter und so fort. Irgendwie komisch, als ob man über ein paar Schuhe oder ein Möbelstück reden würde. Dabei handelt es sich doch um ein Lebewesen. Wir durchforsteten das Internet und informierten uns, wo wir nur konnten.

… als man denkt

Nach einer wochenlangen Suche war es so weit. Wir fuhren zu einem Züchterehepaar. Sie hatten großartige Australian Shepherds. Ich verliebte mich sofort in einen Rüden: Ebbo, cooler Name, cooler Hund. Wir waren einfach überfordert im ersten Moment, da alle Welpen total hübsch und freundlich waren. Auf der anderen Seite waren wir sehr froh, dass wir uns relativ kurzfristig auf einen Hund einigen konnten.

Leider war uns ein Punkt nicht klar gewesen. Wir hatten noch nicht mit unserem Vermieter gesprochen. Das war ein großer Fehler. Da sein Sohn vor vielen Jahren als Kind einmal von einem Hund gebissen wurde, untersagte er uns die Hundehaltung. Dass sein Sohn schon längst volljährig, kein Mitglied unserer Familie war und darüber hinaus auch woanders wohnen würde, ließ er leider nicht gelten. Es sei sein Wunsch und damit Basta. Der Schock saß tief. Wir mussten schweren Herzens die Züchter anrufen und mitteilen, dass wir leider Ebbo nicht zu uns holen könnten.

Wir konnten mit dieser Entscheidung nicht wirklich leben und fanden die Situation einfach unerträglich. Wir mussten nicht lange über einen Umzug nachdenken. Wir schauten uns sofort nach einer neuen Wohnung in der Nähe um und wurden recht schnell fündig.

Als wir ein paar Monate später in der neuen Bleibe waren, setzten wir unsere Suche nach unserem ersten Hund fort. Wieder nahmen wir etliche Züchter in Augenschein. Zwischendurch waren wir uns sicher, dass es ein Berner Sennenhund werden sollte. Dann gab uns ein guter Freund den Rat, dass wir uns eher für einen sogenannten Einsteigerhund entscheiden sollten. Am besten einen Labrador. Während der Suchzeit kamen wir nie auf die Idee, uns in einem Tierheim umzuschauen. Warum, weiß ich nicht mehr. Im Nachhinein hätte ich auch gerne einem Hund aus dem Tierschutz die Möglichkeit auf ein schönes Leben gegeben, aber das werde ich definitiv noch machen.

Und dann kam Phoebe

Nachdem wir unsere Suche auf Labradore spezifiziert hatten, wurden wir in der Nähe von Wuppertal fündig. Es handelte sich nicht um reinrassige Labradore, sondern um einen kleinen Münsterländer-Labrador-Mix. Wahnsinnig hübsche Welpen erwarteten uns. Im Nachhinein weiß ich, dass es eher der Züchter sein sollte, der sich länger Gedanken macht, welcher Welpe aufgrund von Wesen und Charakter zu welchem Interessenten passt und sich dann entscheidet. Bei uns lief das sehr schnell und komplett anders. Ich ging zum Gitter und sagte mir, dass der erste Hund, der zu mir kommen würde, der richtige sei. Gesagt, getan. Phoebe war die schnellste. Sie sollte es sein. Während der Papierkram erledigt wurde, hatte ich sie ganz für mich alleine.

Leider hatten wir nicht daran gedacht, eine Leine mitzunehmen. Nicht sehr schlau, ich weiß. Aber das ist wieder ein kleines Beispiel dafür, dass es nicht darum geht, in diesem Buch darzustellen, dass ich von Anfang an alles richtig gemacht habe und man sich das als Vorbild nehmen sollte. Es ist ganz normal, Fehler zu machen. Diese kann man aber minimieren, wenn man sich im Voraus zu ein paar grundlegenden Sachen Gedanken macht, die sowieso in einem Leben mit Haustier, insbesondere mit Hund, auf einen zukommen werden.

Da stand ich also. Mit meinem ersten eigenen Hund auf dem Arm. Aber irgendwie war es anders, als ich es mir erhofft hatte. Ich hatte mir vorgestellt, dass der Hund sofort weiß, dass ich der neue Papa und beste Freund in Personalunion bin.

Deshalb hatte sie mich doch ausgewählt. Leider war da eher der Wunsch Vater des Gedankens. Phoebe hing total steif und verkrampft in meinen Armen und drehte ihren Kopf so weit wie möglich von meinem weg. Immer wenn ich meinen Kopf zu ihrem bewegte, reckte sie ihren wiederum in die andere Richtung. Das Ganze passierte gefühlte hundertmal, bis wir endlich ins Auto stiegen und nach Hause fuhren. Im Auto, muss ich rückblickend betrachtet sagen, hatten wir eine gute Fahrt.

So eine liebe Seele. Phoebe ist einfach die Beste – auch als sie noch zerknautscht und welpig war. (Foto: Oli Petszokat)

DIE ERSTE AUTOFAHRT

Wie ich in vielen Kundengesprächen herausgehört habe, gibt es häufig den Fall, dass der Hund sich beim Autofahren unwohl fühlt. Für einige Hunde ist der Stress so groß, dass sie sich sogar bei jeder Autofahrt übergeben. Das ist weder für den Hund angenehm noch für den Autobesitzer, denn der muss es wohl oder übel immer wieder sauber machen.

Die meiner Meinung nach perfekte Transportvariante für die Autofahrt mit Hund ist die Backseatvariante von Dogstyler. Wir benutzen die jetzt seit über einem Jahr. Durch das robuste Kunstleder hat man die Möglichkeit, jede Art von Verschmutzung mit einem Feuchttuch zu entfernen. Man bekommt immer wieder eine komplett hygienische, saubere Autotransportvariante, die durch die Anschnallmöglichkeit und die großartige Bauart darüber hinaus wahnsinnig sicher für Hund und Fahrer ist und zu guter Letzt auch megabequem für den Hund. Da es sich um keine Festinstallation handelt, kann man sie einfach nur bei Bedarf in die Rückbank schieben. Ich benutze nie wieder etwas anderes.

Damals hatte ich das nicht. Ich wusste auch nicht, wie man am besten mit Hund im Auto fährt. Nach meinem Dreh mit dem ADAC ist mir ein Licht aufgegangen: Autofahrt mit Hund seitdem immer angeschnallt mit Geschirr und nicht mit Halsband.

Phoebe lag auf der Fahrt neben mir auf der Rückbank, immer noch total verkrampft. Ich hatte eine Riesenangst, dass sich das auch bei uns zu Hause nicht ändert, dass sie einfach nicht bei uns sein will. Hatten wir etwa einen Riesenfehler begangen?

Als wir ankamen, trug ich sie zur Haustür und setzte sie ab. Jetzt würde sich zeigen, in welche Richtung die Geschichte gehen würde. Zu meiner Erleichterung lag ihr Verhalten wahrscheinlich nur an den ungewohnten Umständen – dass sie getragen wurde und anschließend das erste Mal in einem Auto gefahren ist.

ZU HAUSE WAR GLEICH ALLES GUT, NA JA FAST

Von dem Moment an, als ich die Tür öffnete, legte sie einen Schalter um und war nicht mehr zu bremsen. Sie sprintete schwanzwedelnd durch alle Zimmer und erkundete ihr neues Zuhause.

Ich setzte mich im Wohnzimmer auf den Fußboden. Sie flitzte immer wieder los und kam kurz danach jedes Mal zu mir zurück, um zu schauen, ob ich noch da bin. Dieses Verhalten setze sich von da an bis heute übrigens fort.

Ein gutes Beispiel hierfür ist zum Beispiel das Joggen, speziell wenn es nicht anders möglich ist, an einer speziellen, leichten Joggingleine, im Wald aber auch ohne Leine. Sie flitzt immer wieder vor, bleibt stehen, kehrt zu mir zurück und vergewissert sich, ob ich wohlauf bin. Jedes Mal sage ich ihr, dass sie ganz fein ist, woraufhin sie wie ein kleiner Wirbelwind wieder losflitzt.

Zurück ins Wohnzimmer: Nach einer gefühlten Stunde kam sie ein wenig zur Ruhe. Da sie noch nicht stubenrein war, sah es in allen Zimmern recht fragwürdig aus – aber nichts, was man nicht mit einer Monatspackung Küchentücher wegmachen konnte. Mein großes Glück: Wir hatten Bodenfliesen.

Neben ein paar Gassirunden draußen, bei denen ich versuchte, sie an der Leine zu führen – die Betonung liegt hier auf versuchte –, waren wir nur in der Wohnung. Ich bin einfach alle 30 Minuten mit ihr rausgegangen, damit sie ihr kleines und auch großes Geschäft möglichst nicht mit der Wohnung, sondern mit der Gassirunde verknüpfte. Total clever von mir gedacht.

Einer von uns war auf diesem Bild noch kleiner, der andere hatte noch Haare.
Nicht lachen ....
(Foto: Oli Petszokat)

So ein Mist. Das gehört in die Tüte und weggeworfen. Keine Ausreden!
(Foto: Max Sonnenschein)

Wie ich zum Hund kam

Das ist zwar im Grunde richtig, klappt aber nicht innerhalb von ein paar Stunden. Davon konnte ich mich circa zehnmal in der Nacht selbst überzeugen.

Auch die nächste Woche war es nachts immer das gleiche Bild. Ich schlief extra auf der Couch im Wohnzimmer, daneben Phoebe auf einem nicht aufgebauten Pappkarton. Diesen konnte ich stets immer wieder gegen einen neuen austauschen. Ich hatte mir zwar vorgenommen, auch in der Nacht beim kleinsten Geräusch von Phoebe mit ihr sofort rauszugehen. Leider war mein Schlaf anfangs noch zu tief, sodass ich erst vom Plätschern neben mir wach wurde.

Mit den Tagen wurde es aber immer besser. Ich musste immer seltener mit der Kleinen rausgehen. Irgendwann war sie dann stubenrein – alles gut.

Hunde sind keine Nestbeschmutzer. Das bedeutet, dass sie nicht in ihr Zuhause machen wollen. Sobald sie ihren Harndrang und das große Geschäft kontrollieren können, sollte es normalerweise kein Problem darstellen, einen stubenreinen Hund im Haus zu haben.

Auch wenn diese Phase sehr anstrengend und schlafraubend war, muss ich sagen, dass sie mich mit Phoebe sehr stark zusammengeschweißt hat. Neben den Geschäften, die sie einfach verrichten musste, war sie ständig am Spielen und Freude bereiten.

Anfangs sollte man es mit den Gassirunden nicht übertreiben. Es sei denn, man holt sich einen Hund, der sich nicht im Welpenalter befindet. Man steigert die Gassirunden ganz langsam bis man irgendwann größere Runden laufen kann. Diese kleinen Ausflüge nutzten wir auch dazu, um an der Leinenführigkeit zu arbeiten.

Auch das war nicht so leicht, wie ich anfangs gedacht habe. Mit manchen Sachen hat man vielleicht Glück und sie klappen auf Anhieb oder zumindest richtig schnell. Für den Rest braucht man einfach Ruhe, Geduld und Zuversicht genauso wie bei allen Dingen im Leben.

Manche Dinge machen mehr Spaß, manche weniger. Apportieren üben hat mir zum Beispiel viel mehr Spaß gemacht als Phoebe stubenrein zu bekommen oder an ihrer Leinenführigkeit zu arbeiten. Man muss durch alles durch und kann es sich nicht aussuchen.

ABRUFEN - FÜR PHOEBE ABSOLUT KEIN PROBLEM

Als Phoebe an der Leine laufen konnte, hatte ich die Chance, draußen auf dem Feld ihre Abrufbarkeit zu testen. Mit einer Schleppleine kann man das ohne Risiko gut austesten. Der Hund kann erst mal auf Distanz gehen, ohne dass er die Chance hat wegzulaufen. Hierbei würde ich eher eine Hunter Convenience oder Biothaneleine nutzen, da diese sehr robust sind und mit einem Feuchttuch wieder sauber gemacht werden können. Mit einer Nylonleine oder Lederleine ist es – ob im Kurz- oder Langleinenbereich – nicht so einfach, den ganzen Dreck, der auf einer Wiese unweigerlich mit der Leine in Kontakt kommt, abzuwischen.

Bei Phoebe merkte ich recht schnell, dass sie wirklich ohne großes Training immer abrufbar ist.

Zeit mit Hund heißt nicht nur Gassigehen, auch sportliche Aktivitäten sind möglich, je nach Hund. Einfach mal ausprobieren. (Foto: Max Sonnenschein)

Falls man an diesem oder anderen Punkten Probleme hat, sollte man sich nicht scheuen, einen Hundetrainer aufzusuchen. Phoebe war und ist unfassbar unkompliziert. Sie reagiert wortwörtlich auf einen Blick oder eine Geste und versteht wirklich, was man von ihr will, ob laut, normal oder leise gesprochen. Was jetzt etwas profan klingt, aber auch sehr wichtig für mich ist, ist der Fakt, dass sie nicht schnarcht. Abschließend kann ich sagen, dass Phoebe für mich ein perfekter Hund ist. Warum ich das alles so hervorhebe, wird gleich klar. Rückblickend muss ich sagen, dass Phoebe der perfekte Ersthund ist. Wir sind einfach ein Team mit blindem Verständnis und Vertrauen.

Pontus ist anders – und genauso liebenswert

Denn ab jetzt geht es darum, wie die kleine französische Bulldogge in unser Leben kam. Zwei Punkte sind daran sehr interessant: Zum einen, wie es ist, einen Zweithund in die Familie, ins Rudel, zu holen, zum anderen, wie es ist, einen Hund zu haben, der das komplette Gegenteil zu Phoebe ist. Das betrifft alles – von A bis Z. Doch das macht unseren kleinen Napoleon namens Pontus nicht minder liebenswert.

Als ich Pauline kennenlernte, hatte sie Angst vor Hunden. Warum das so war und woher das kam, kann sie bis heute nicht sagen. Und dann war Phoebe auch noch ein großer dunkler Hund. Sie hatte mir das aber vergessen zu sagen. Anfangs war es für sie richtig heftig. Ich ließ sie sogar mit Phoebe allein. Wie sie mir im Nachhinein sagte, traute sie sich nicht, sich zu bewegen und hatte wirklich Angst vor Phoebe. Da Phoebe ein Riesenhobby hat – und zwar Menschen abschlecken –, versuchte sie das die ganze Zeit auch bei Pauline. Aus Angst vor Phoebes Reaktion ließ sie es stoisch über sich ergehen.

Zum Glück merkte Pauline recht schnell, dass Phoebe eines der freundlichsten und gutmütigsten Lebewesen auf diesem Planeten ist. Sie verlor nach und nach alle Bedenken und wurde erst zu einem Phoebe-Fan, später sogar generell zu einem Hundefan. Sie ging irgendwann wirklich von selbst auf andere Hunde zu und suchte ihre Nähe. Ich war also nicht mehr sehr überrascht, als sie mir eröffnete, dass sie sich einen eigenen Hund anschaffen wolle. Auch stand für sie fest, dass sie sich für eine französische Bulldogge entscheiden würde. Da sie zu dieser Zeit noch in Berlin und ich in Köln lebte, kontaktierte sie auf eigene Faust eine Dame in Berlin, die inseriert hatte, dass sie eine kleine Bully abzugeben hätte.

Eigentlich wollte Pauline nur mal vorbeifahren, um sich die kleine Maus anzuschauen. Aber wie es mit Hundewelpen und Menschen so ist: Wenn man sie einmal sieht, will man sie nie wieder hergeben. So auch bei Pauline und Pontus. Es war Liebe auf den ersten Blick. Sie rief mich an und war ganz aufgeregt. Ich fand es total klasse, dass sie diesen Schritt gegangen war. Zwei Tage später hatte sie bereits ihre erste Zugfahrt von Berlin nach Köln hinter sich – mit Pontus im Gepäck, die total einfach ist, was Reisen aller Art betrifft. Sobald sie merkt, dass es losgeht, kringelt sie sich ein und schläft. So gut bis dahin.

DAS ERSTE TREFFEN MIT PHOEBE

Leider hatte ich vergessen, was ich gelernt hatte, wenn man zwei Hunde zusammenführt. Generell ist es die weisere Variante, dass sich zwei Hunde das erste Mal an einem neutralen Ort begegnen sollten und nicht in

Mein Name ist Hase. Die Ohren erblickten zuerst das Licht der Welt. (Foto: Pauline Petszokat)

dem Zuhause eines der beiden Hunde. Normalerweise wusste und weiß ich das auch, aber es war wohl die Freude und die Aufregung, die mich das damals vergessen ließ. Deshalb war es leider die Wohnung, in der sich die beiden das erste Mal trafen. Für Pontus schien alles sehr entspannt zu sein. Sie ging durch die Wohnung wie selbstverständlich, beschnüffelte alles und fühlte sich pudelwohl. Aber als sie Phoebe begrüßen wollte, schien alles zu eskalieren.

Ich dachte eigentlich, dass es so etwas wie Welpenschutz geben sollte. Phoebe war das aber augenscheinlich egal. Sie knurrte ununterbrochen und wollte Pontus an den Kragen. Ich war total überfordert damit. In diesem Moment mit beiden rauszugehen, hätte wahrscheinlich auch nichts gebracht. Das Kind war in den Brunnen gefallen und wir mussten überlegen wie wir es behutsam, aber so schnell es geht, hinausbekommen könnten. Es dauerte ein paar Stunden, bis sich Phoebe richtig beruhigt hatte und Pontus sich nähern konnte. Natürlich war ich immer dabei, damit nichts passieren konnte. Zum Glück lief es dann aber Schritt für Schritt so gut, dass die beiden sich aufgrund der Strapazen in Phoebes Bett kuschelten und seit diesem Tag immer gemeinsam schlafen.

Die Freundschaft zwischen den beiden wurde von Woche zu Woche größer. Seitdem gehen sie zusammen durch dick und dünn, halten zusammen und beschützen sich. Durch meine Welpenerfahrung von Phoebe dachte ich, dass sich erziehungstechnisch alles so ziemlich von selbst regeln wird. Wir erinnern uns, dass ich bei Phoebe

keinerlei Probleme hatte. Seit unserem Auftritt bei Martin Rütters Hundeprofisendung weiß ein jeder, dass das leider nicht so leicht ist, wie wir uns erhofft hatten. Wie bei uns Menschen gibt es auch in der Hundewelt verschiedene Charaktere. Pontus ist eine starke und selbstbewusste Dame. Sie versteht hundertprozentig wie Phoebe ein jedes Wort. Leider hat sie sich überlegt, nur zu horchen, wenn es sich auch garantiert für sie lohnen wird. Das bedeutet im Umkehrschluss, dass wir ohne Leckerlis oder Ball in der Tasche ziemlich uninteressant für sie sind.

Was für ein Charakter! Pontus, der energische Witzbold. (Foto: Max Sonnenschein)

Wie ich zum Hund kam

GEHORSAM MUSS SICH LOHNEN

Während Phoebe alles macht, um uns zu gefallen, haben wir uns mit Pontus das genaue Gegenteil ins Haus geholt. Ihr Spieltrieb und ihre Verfressenheit sind auf der anderen Seite ein toller Ansatz, mit ihr zu trainieren. Das Wichtigste ist, und das habe ich sowohl bei Martin Rütter als auch bei seiner Trainerin Ellen gelernt, dass man konsequent bleibt und Geduld mitbringt. An Punkten, an denen es bei Phoebe einen Tag Training bedurfte, arbeitet man mit Pontus gerne mal ein bis zwei Wochen. Damit ist es bei Pontus aber nicht getan. Bei Phoebe klappt das Erlernte immer wieder, ohne dass man sie erneut mit Leckerlis bestechen müsste. Bei Pontus ist es eher so, dass man ihr doch immer wieder einen Anreiz geben muss, sonst geht das Erlernte wieder flöten. Das muss jeder für seinen Hund herausfinden.

Wir haben auch Bullys kennengelernt, die sich eher so verhalten wie Phoebe. Ich denke, das ist nicht nur rasse-, sondern auch charakterabhängig. Am Ende des Tages ist aber nie der Hund Schuld am Misserfolg. Es liegt an uns, seine Vorlieben zu erkennen und auf die für ihn richtige Art und Weise mit ihm zu arbeiten. Leider war das Training nicht die einzige Sache, die anders war als bei Phoebe. Während Phoebe als halber Labrador einen sehr robusten Magen hat, sah es bei Pontus immer wieder so aus, als würde sie wegen Kleinigkeiten Durchfall bekommen. In den ersten Monaten passierte das recht häufig. Wir machten uns aber anfangs keine großen Gedanken und das, was man so als Tipp mitbekam: Reis und Huhn kochen und verfüttern.

Der Durchfall verschwand zwar immer, kam aber genauso häufig wieder.

Durch unsere häufigen Besuche beim Tierarzt bekam die kleine Ponti schon in jungen Jahren relativ oft Kortison und uns wurde sogenanntes Sensitivfutter empfohlen.

DAS EIGENTLICHE PROBLEM

Leider wurde es trotz der Maßnahmen und erheblichen Mehrkosten nicht wirklich besser und mündete in Pontis erstem diagnostiziertem allergischem Schock. Sie bekam am ganzen Körper rote Punkte und schwoll stark im Gesicht an. Auch dieses Mal bekam sie Spritzen und Tabletten. Die Symptome verschwanden. Wieder wurde uns geraten, ein anderes Futter zu füttern. Erneut ein Trockenfutter. Generell wurde uns von verschiedenen Tierärzten für beide Hunde immer Trockenfutter in Form von Proben empfohlen. Auch die nächste sensitive Fütterei brachte keine Besserung und führte unweigerlich zu einem erneuten Allergieschock. Wieder schwoll Pontis Gesicht bis zur Unkenntlichkeit an. Wir machten uns Riesensorgen und wussten nicht mehr weiter. Ein Bekannter empfahl uns damals, artgerecht zu füttern.

Wir schauten ihn verwundert an und sagten ihm, dass wir es doch täten. Wir fütterten doch Hundefutter, vom Tierarzt empfohlen. Er fragte uns im Gegenzug, ob wir denn wüssten, was im Futter enthalten wäre, ob Getreide einer der Inhaltsstoffe sei? Wir schauten auf die Inhaltsangabe und sahen, dass Getreide oben an erster Stelle stand. Er empfahl uns, auf Getreide im Hundefutter ganz zu verzichten.

Immer wieder auch auf eigene Faust unterwegs: Erkundungsfan Pontus.
(Foto: Max Sonnenschein)

Nach kurzer Recherche fanden wir heraus, dass Getreide Hauptbestandteil aller von uns in der Vergangenheit durch Veterinäre empfohlenen Futtersorten war. Unser Bekannter erklärte uns, dass das Getreide ein billiger Bestandteil im Futter sei, aber nicht wichtig für eine artgerechte Hundeernährung – ganz im Gegenteil. Er sagte, dass es immer mehr zu solchen Allergien und Unverträglichkeiten wie bei Ponti kommen würde.

Dank des Internets forschten wir ein wenig nach und durchstöberten unzählige Onlineforen zum Thema Hundeernährung. Natürlich gibt es überall zu jedem Thema Meinungen von A bis Z, aber der Großteil war sehr gut und inhaltlich plausibel erklärt. Wir entschieden uns dazu, es einfach auszuprobieren. Wir hatten das große Glück, dass es in Berlin einen Barfladen namens „Bones for Dogs" gab und gibt. Wir besorgten uns alles, was der Hund braucht – in frischer Variante. Was wir berichten können und seitdem von vielen ehemaligen Leidgenossen beipflichtend erzählt bekommen haben ist, dass es seit der Umstellung von trockenem, getreidehaltigem Futter zu roher und frischer Ernährung zu keinen vergleichbaren Allergieschocks mehr kam. Pontus war seit der Umstellung nur noch einmal in vier Jahren beim Tierarzt.

Sie hatte etwas von einem Giftköder gegessen und hing drei Tage lang am Tropf. Zum Glück hat sie das überstanden.

Schaut doch einfach mal auf Giftköderradar vorbei. Echt schlimm und für mich unbegreiflich, dass es Menschen gibt, deren Hass so groß ist, dass sie versuchen, Hunde durch spitze Gegenstände zu verletzen oder durch Gift zu töten. Deshalb unterstütze ich die Macher der App, wo immer ich nur kann.

Pontis Vergiftung aber war wie gesagt der Grund für den letzten und einzigen Tierarztbesuch der letzten Jahre.

Barfen als Lebenseinstellung

Vor der Futterumstellung waren wir gefühlt fast jede Woche mit Ponti beim Arzt. Die Umstellung auf frisches Fleisch führte auch bei Phoebe zu Veränderungen. Sie bekam bis zu diesem Moment nur Trockenfutter zu fressen. Ihr Atem war nicht so gut, ihre Zähne waren schon verfärbt und ihr Fell war relativ stumpf. Das änderte sich alles, seitdem sie gebarft wird.

Wenn wir andere Hunde in ihrem Alter sehen, die wiederum weiterhin Trockenfutter essen, sehen wir die Unterschiede ganz deutlich. Phoebe wirkt immer um Jahre jünger. Sie hat weiße Zähne, einen tollen Atem und ein glänzendes Fell.

Im Nachhinein haben wir erfahren, dass alle Hunde aus Phoebes Wurf sehr früh an Hüftproblemen litten und einige bereits eingeschläfert wurden. Ich kann nur sagen, dass wir heilfroh sind, dass es Phoebe nicht getroffen hat. Sie ist unfassbar fit und agil.

Da ich kein Arzt bin, darf ich keine Verbindung zwischen Ernährung und Gesundheit herstellen. Ich kann aber meine Beobachtungen mitteilen. Seitdem blieben wir bei der frischen Fütterung.

In Köln angekommen mussten wir aber schon schnell feststellen, dass es nicht leicht war, diese Art des Fütterns beizubehalten. Es gab keinen Laden der vergleichbar war mit „Bones for Dogs".

Unsere Umfrage in der uns bekannten Hundewelt in Köln brachte auch nichts. So ziemlich alle fütterten Trockenfutter, ein kleiner Teil Dosenfutter. Keiner konnte uns bei unserer Barfladensuche weiterhelfen – und das in einer Millionenstadt.

Im Internet wurden wir dann fündig. Es gab einen Lieferdienst, der gefrorenes Fleisch lieferte. Einmal in zwei Wochen konnte man dort bestellen. Im Umkehrschluss bedeutet das, dass man einen Tiefkühler benötigt, der das Futter für einen Labradormix und eine Bulldogge für vierzehn Tage aufnehmen kann. Leider war das damals für uns die einzige Möglichkeit.

Es waren immer 500-Gramm-Päckchen. Bei einer Futtermenge pro Mahlzeit für beide von 450 Gramm blieben immer am Ende des Tages 100 Gramm übrig. Die Portionierung war das Problem.

Als wir uns dann immer mehr in die Barfmaterie einlasen und einlebten, merkten wir bereits anch kurzer Zeit, dass wir nicht richtig fütterten. Die gefrorenen Pakete beinhalteten nämlich ausschließlich Fleisch. Das war eine astreine Mangelernährung. Genauso wäre es bei uns Menschen auch. Es fehlte noch Gemüse und/oder Obst, ein gutes Öl und auch die Kalziumabdeckung durch Knochen war nicht gegeben.

Da wir keinerlei Beratung oder Belehrung hatten, war uns das anfangs leider nicht bewusst. Als wir schließlich wussten, wie es geht, blieben wir bestimmt ein halbes oder Dreivierteljahr dabei. Wir bestellten im Internet gefrorenes Fleisch und gaben den Rest zu Hause frisch dazu.

In Gesprächen mit anderen Hundehaltern erzählten wir immer von unseren Erfahrungen. Einige stellten nach und nach auch auch die Ernährung ihrer Hunde um. Alle waren begeistert.

Durch das bewusstere Umgehen mit der Hundeernährung und den regen Austausch mit anderen Barfern merkten wir bereits nach kurzer Zeit, dass dieses Thema viel mehr für uns war als nur eine Futtervariante. Es wurde zu einer Lebenseinstellung, über die wir in den kommenden Monaten und Jahren alles erfahren wollten.

Wir fingen an, noch mehr im Internet übers Barfen herauszubekommen. Wir holten uns empfohlene Fachliteratur und lasen alles, was wir in die Finger bekamen. Parallel dazu erkannten wir in der praktischen Umsetzung, dass es unseren Hunden einfach gut ging.

Eines Tages sagte Pauline, dass es doch eigentlich nur konsequent wäre, einen Schritt weiter zu gehen und alles auf eine Karte zu setzen. Sie schlug vor, dass wir uns mit einem eigenen Barfladen selbstständig machen, dass wir aber neben dem bloßen Angebot an naturbelassenen und artgerechten Futtersachen für Hunde parallel auch die dazugehörige Ernährungsberatung anbieten sollten. Auch wollte sie, dass es nicht nur Großfutterrationen geben sollte, sondern für jeden Hund auch einen extra auf die individuellen Bedürfnisse abgestimmten Futterplan mit Einzelportionierung, sprich bei zweimaliger Fütterung am Tag pro Hund einen Service von sechzig Portionen pro Monat. Ich schaute sie an und sagte, dass ich dabei wäre.

Genau zu dieser Zeit wurde in unserer Straße ein Ladenlokal frei. War das Zufall? Bestimmung! Wir bekamen den Zuschlag und es stand fest: Wir eröffnen unseren eigenen Barfladen.

Barf – das kommt mir in die Tüte!
(Foto: Max Sonnenschein)

(Foto: Oli Petszokat)

MEHR ALS EIN BARFLADEN

Nun hatten wir also vor, unseren eigenen Barfladen zu eröffnen. Wer denkt, dass man einfach loslegen kann, liegt falsch. Um eine Genehmigung vom LANUV (Landesamt für Natur, Umwelt und Verbraucherschutz Nordrhein-Westfalen) zu bekommen, muss man den Laden komplett fertig haben, damit er und das Hygienekonzept abgenommen werden können. Als das Ladenlokal angemietet war und wir den Schlüssel hatten, konnten wir mit der Einrichtung loslegen. Vorne der Verkaufsraum und der hintere Bereich, der als Lagerfläche und Umpackort für das Fleisch fungieren sollte. Nach einem knappen Monat waren wir endlich fertig und wollten loslegen, uns um Warenbestellungen zu kümmern.

Pauline hatte so viel Zeit investiert und in allen Bereichen tolle Produkte entdeckt, die wir neben dem Fleisch anbieten wollten. Neben Leinen und Halsbändern auch Spielzeug, Leckerlis, hochwertiges Dosenfutter, ein Trockenfutter ohne Getreide mit einem sehr hohem Fleischanteil und vieles mehr. Das Problem bei der Sache war, dass man die Waren erst bestellen kann, wenn man ein angemeldetes Gewerbe hat. Ein Gewerbe anmelden konnten wir nur mit einer positiven Abnahme durchs LANUV. Als wir um einen Termin zur Abnahme baten, teilte man uns mit, dass der nächstmögliche Termin erst gute zwei Monate später sein würde. Das war gewissermaßen ein Schock für uns. Wir hatten fest damit gerechnet, zeitnah loslegen zu können.

Denn nach der Gewerbezulassung hätte es noch mal seine Zeit gedauert, bis die Ware angekommen wäre und wir alles eingeräumt und mit Preisen versehen hätten. Durch diese Verschiebung kamen wir planungstechnisch komplett durcheinander. Der Laden war theoretisch fertig, wir konnten aber nichts machen und mussten trotzdem die volle Miete zahlen – eine nicht sehr unternehmerfreundliche Begebenheit. Nachdem wir ziemlich lange um eine frühere

Willkommen in unserem Laden.
Hereinkommen und wohlfühlen!
(Foto: Max Sonnenschein)

Möglichkeit baten, hatten wir durch eine Terminabsage andernorts das Glück, nach nur einem Monat doch schon die Begutachtung zu unterlaufen.

Am Tag der Wahrheit waren ein Mitarbeiter vom LANUV und ein Veterinär vor Ort. Sie schauten sich den Laden an und gaben grünes Licht. Wir waren so froh, dass wir endlich den letzten Schritt durchführen konnten: die Ware bestellen.

Weitere zwei Wochen später konnten wir endlich eröffnen. Viele Freunde, sowohl menschliche als auch vierbeinige, kamen zu Besuch. Wir hofften so sehr, dass sich die

Eröffnung schnell herumsprechen würde. Ich versuchte, durch vorhandene Kontakte in der Zeitungs- und Fernsehwelt alle Hebel in Bewegung zu setzen, damit sie über den neuen Barfladen „Stöckchens Delikatessen" in der Kölner Südstadt berichteten.

Die Resonanz war ausgesprochen positiv – sowohl auf der Seite der Medien als auch auf der Seite der Hundehalter. Wahrscheinlich hat man uns einfach geglaubt, dass das keine PR-Aktion sein sollte, sondern aus einer echten Passion und Überzeugung entstanden war.

Das Schönste sind die vielen Hunde

Täglich kamen mehr Kunden. Waren es anfangs möglicherweise Neugierige durch die Zeitungsartikel und Berichte, kamen seitdem Kunden durch Weiterempfehlung zu uns – und so ist es noch heute. Das ist großartig. Das kann keine Werbung der Welt erreichen. Du kannst zwar auf dich aufmerksam machen und dafür sorgen, dass dein Laden möglicherweise kurzfristig häufiger besucht wird. Wenn aber die Beratung und die angebotene Qualität nicht stimmen, werden die Besuche genauso schnell wieder zurückgehen. Da Hundehalter nur etwas empfehlen, woran sie wirklich glauben, ist es für uns eine ganz besondere Auszeichnung, so positiv wahrgenommen zu werden.

Genau aus diesem Grund wollten wir das Ganze auch machen. Es geht um den Inhalt, das Gefühl und die Liebe zum Hund. Obwohl wir nur ein kleiner lokaler Laden sind, kom-

Phoebe. Leicht trottelig,
aber das bin ich ja auch!
(Foto: Max Sonnenschein)

schiedenen Vorlieben kennenzulernen, ihre Namen zu wissen, wer wie gekrault werden will und welches Fleisch oder Leckerli am liebsten mag. Das alles kann mit keinem Geld der Welt aufgewogen werden.

Oft sage ich den Kunden, wenn sie bezahlt haben, dass sie den Hund gerne da lassen können und beim nächsten Mal erst wieder abzuholen bräuchten. Nur ein Spaß! Obwohl – hinter jedem Spaß steckt ein Fünkchen Wahrheit.

Mein Traum ist es, irgendwann als Selbstversorger auf einem Bauernhof zu leben und vielen Tieren ein schönes Leben zu bereiten: eine Art Gnadenhof zu betreiben. Mal schauen, was daraus wird. Von meinem momentanen Gefühl ausgehend wäre das die totale Erfüllung. Ich arbeite darauf hin, aber bis es so weit ist, werden meine Frau und ich weiter für alle Barfwilligen da sein.

Dogwalken im Rudel

men sogar Kunden zu uns, die außerhalb von Köln wohnen.

Das Schönste für uns ist, dass die meisten Kunden ihre Hunde mit in den Laden bringen. Es ist ein tolles Gefühl, wenn die Hunde bereits wissen, dass Herrchen und oder Frauchen auf den Weg zu uns sind und schon schwanzwedelnd vorrennen und in den Laden flitzen. Das tägliche Hallo mit den Hunden macht das Ganze schon lebenswert. Es ist unverfälschte Freude, jeden Tag so viele Hunde zu begrüßen und zu knuddeln, sie nach Absprache mit dem Halter oder der Halterin mit Leckerlis zu verwöhnen, die ver-

Das einzige Manko ist, dass wir unsere beiden Hund nicht immer im Laden haben können. Bei Phoebe ist es zwar einfacher, aber auch sie bekommt manchmal Stress, wenn vorne immer wieder fremde Hunde hereinkommen. Pontus Absichten sind meistens ziemlich klar. Ich glaube, sie will alle, die hereinkommen, umbringen. Natürlich nicht wirklich. Aber die Kleine denkt, dass das ganze Futter im Laden ihr gehören würde. Deshalb ist es überhaupt nicht zu verkraften, dass all die Kunden immer wieder das Futter mit hinausnehmen.

Zum Glück haben wir eine professionelle und tolle Dogwalkerin kennengelernt.

Sie geht jeden Tag mit den beiden im immer gleichen Rudel auf Wanderschaft. Ob im Wald, auf der Wiese oder am Rheinufer – die Hunde haben eine schöne Zeit zusammen und kommen glücklich wieder nach Hause. Das ist ein Service, den wir nicht missen wollen.

Alleine das tolle Rudel hat auch Pontus geholfen, sich sozialer zu verhalten, und Phoebe die Chance gegeben, endlich ein bisschen selbstbewusster zu werden. So können wir in der Zeit, in der die Hunde unterwegs sind, im Laden alle Vorbestellungen abpacken.

Wenn die Hunde nach Hause kommen, können sie entweder zu mir in den hinteren Abpackbereich und sich Knochen kauend ausruhen oder sie gehen nach oben in die Wohnung, wo mein Sohnemann, der dann bereits von der Schule wieder zu Hause ist, sich mit ihnen auf die Couch haut und mit ihnen kuschelt. So ist es entspannt, alles zu schaffen, ohne dass man sich Sorgen um die Hunde machen muss.

In letzter Zeit haben wir es aber manchmal versucht, dass Phoebe bei uns im Laden ist, während Pontus im Rudel unterwegs ist. Auch das hat gut geklappt. Ich finde es persönlich gar nicht so verkehrt, auch mal Abwechslung in den Alltag zu bringen.

„The White Walkers". Phoebe, Ponti und ihr Rudel trotzen jeder Witterung und halten stets zusammen.
(Foto: Stephanie König)

Karls Geschichte

Der schönste Moment in unserer Ladenzeit war, als uns die alte französische Bulldogge Karl besuchte. Karl konnte kaum laufen und bekam regelmäßig Trockenfutter und Spritzen. Wir entschieden mit seinem Herrchen, eine Futterumstellung auf Pferdefleisch zu machen. Wir gaben ihm Futter für einen Monat mit.

Nach einem Monat kam er wieder zu uns und erzählte mit Tränen in den Augen, dass er es gar nicht fassen kann. Denn Karl war das erste Mal seit einer langen Zeit um einiges mobiler und komplett spritzenfrei. Er sagte uns, dass er nicht verstehen kann, warum er nicht schon früher an eine Umstellung gedacht hat.

Er ist seitdem einer unserer treuesten Kunden. Karl ist richtig fit geworden und kann ganz normal durch die Gegend laufen. Dazu muss man wissen, dass er früher nur noch in einem Korb transportiert wurde. Alleine diese Begebenheit zeigt uns, dass es der richtige Weg war, den wir eingeschlagen haben. Schon dieser eine Hund, dem es jetzt richtig gut geht, war es für uns wert.

In den letzten drei Jahren hatten wir jedoch einige solcher Fälle, die alle genauso gut ausgegangen sind. Wenn es in Krankheits- oder Heilbereiche geht, stimmen wir uns aber immer gemeinsam mit den Hundehaltern, ihren Veterinären und einer Tierheilpraktikerin ab.

Durch diese inhaltliche Arbeit mit dem Thema Hundeernährung wurde nach geraumer Zeit auch der Futterhersteller Dr. Clauder auf mich aufmerksam und lud mich in seine Fabrik ein. Zu dem Zeitpunkt dachte ich mir, dass es nichts bringen würde, da ich nicht viel von der Futtermittelindustrie hielt.

In einem langen Gespräch kam heraus, dass es doch einige Ansatzpunkte gab, wo es sich lohnen würde zu brainstormen. Heraus kam, dass man gemeinsam an einer Linie arbeiten wolle, die das Barfen an jeder Stelle unterstützen oder in Fällen von Urlaub, Fleischmangel et cetera. sogar ersetzen könnte. Das bedeutet, dass man, wenn man kein Frischfleisch hätte, auch auf eine 100-Prozent-Fleischdose zurückgreifen kann.

Jeanette Littau, Barfberaterin der Beuteküche, und ich während einer Barfshow.
(Foto: Beuteküche)

Wenn man das frische Gemüse und das Öl nicht da hat, kann man problemlos meinen selbst erfundenen Gemüsesmoothie nutzen und so weiter und so fort.

Die Beuteküche

Nach einem Jahr des Planens war es endlich so weit. Ich konnte im Jahr 2014 eine ganze Futterserie mit komplett natürlichen Zutaten, die aus Deutschland kommen und sogar noch Lebensmittelqualität haben, auf der weltgrößten Heimtiermesse Interzoo vorstellen.

Die Linie kam so gut an, dass wir unter die Top-20-Produkte der Messe gewählt wurden und ein sogenanntes Innovationsticket bekamen. Seit dieser Messe arbeite ich neben dem Laden auch noch daran, unsere Ernährungsberatung namens Beuteküche im deutschsprachigen Bereich weiter voranzubringen. Die Resonanz ist überwältigend.

Basierend auf den Erfahrungen, die Karin Schranz, die Chefin der Beuteküche, und ihre Kolleginnen in ihrer jahrelangen Tätigkeit als Barfberaterin sammeln konnten, und gemischt mit der Art und Weise, wie wir bei uns im Laden unseren Kunden beratend zur Seite stehen, geht die Beuteküche seit 2014 einen wirklich tollen Weg.

Hinein in Futtermärkte, private Wohnzimmer, zu Veterinären, zu Groomern und sogar zu Züchtern – um zu zeigen, wie man frisch und artgerecht füttern kann. Die Anfrage wird immer größer.

Nach Deutschland startet die Beuteküche 2015 in Österreich. Auch dort ist der Wunsch nach verständlicher Aufklärung riesengroß. Sogar das nicht deutschsprachige Ausland hat Interesse bekundet. Ein Testprojekt startet 2015 in Italien.

Es ist der absolute Wahnsinn, was aus der kleinen Idee geworden ist. 2012 standen meine Frau und ich noch in einem leeren Ladenlokal und hielten den Schlüssel in der Hand. Ein paar Jahre später merkt man, dass man so vielen Menschen und Hunden durch seine Ideen und seinen Einsatz helfen konnte.

Diese Art der inhaltlichen und erfüllenden Arbeit trieb mich tatsächlich so weit, dass ich immer wieder Fernsehanfragen absagte. Früher hätte ich viele davon gerne angenommen und durchgezogen. Durch die Hundewelt hat sich allerdings generell mein Blick auf die Welt und das meiner Meinung nach Sinnvolle geändert.

Ich will und werde nach wie vor auf Bühnen stehen und in Mikrofone reden. Aber es werden immer mehr Arbeiten sein, die sich um die Tierwelt drehen. Das ist einfach das Thema, das mich am meisten interessiert und bewegt.

So kam es auch dazu, dass Martin Rütter mich anrief und fragte, ob ich nicht Lust hätte, etwas zu moderieren. Ich sagte tatsächlich, dass ich das nur machen würde, wenn es sich um Tiere dreht und mit ihm zusammen wäre. Er lachte kurz und teilte mir mit, dass ich ab sofort der neue Moderator seiner Sendung „Die tierischen 10" sei.

Ich war absolut sprachlos. Denn das war genau das, was ich mir gewünscht habe. Ich freute mich wahnsinnig auf die bevorstehenden Dreharbeiten.

Die tierischen 10

Nicht nur die Aufnahmen mit Martin im Studio waren der Knaller, sondern auch die gemeinsamen Drehs mit verschiedenen Tieren. So konnte ich neben etlichen Drehs mit tollen Huskys und Schulhunden auch eine Kamelfarm besuchen, mit Erdmännchen abhängen, mit einer Bärendame spazieren gehen und ein Therapieschwein kennenlernen. All diese Drehtage und Begegnungen bestätigen mich immer mehr, dass das mein Weg sein wird.

Vor Kurzem habe ich mich mit der Moderatorin und Autorin Birgit Lechtermann getroffen. Sie ist mindestens genauso tierverrückt wie ich. Es kann gut sein, dass wir gemeinsam ein tierisches Projekt angehen werden. Ich bin gespannt, was da noch alles passieren wird. Auf der anderen Seite gehe ich aber an alle Sachen entspannt heran. Denn auch, wenn das alles nicht wäre, würden wir einfach nur den Barfladen weitermachen – den Ursprungsort von alledem. Mittlerweile ist die Bezeichnung Barfladen ein bisschen zu wenig. Pauline und ich sind ständig auf der Suche nach schönen, sinnvollen, handgemachten und nachhaltigen Produkten – sowohl im Accessoire- und Spielzeugbereich als auch im Betten- und Sicherheitsbereich. Selbst unser Leckerli- und Fleischangebot wird ständig überdacht und erweitert.

Neulich habe ich einen Schreiner mit einer bestimmten Napfidee beauftragt. Ich bin gespannt, wie die aussieht. Vielleicht kann man auch eine kleine Serie daraus machen. Apropos Napfserie: Durch meine Messeauftritte hatte ich die Chance, andere Produkte und ihre Macher kennenzulernen. Am meisten überzeugte mich die Firma Hunter. Sie luden meine Frau und mich ein, in ihrer Manufaktur vorbeizuschauen. Wir konnten das zunächst nicht glauben. Manufaktur! Wir dachten, dass alles in einer Fabrik hergestellt werden würde. Aber wir wurden eines Besseren belehrt. Wir konnten uns von der Lederqualität und den einzelnen Produktionsschritten überzeugen. Alles per Hand – einfach Wahnsinn. Seitdem sehe ich die hochwertigen Lederhalsbänder und Leinen mit ganz anderen Augen.

Die Napfserie

Im anschließenden Gespräch fand man so viele gemeinsame Ansichten und Ideen, dass man beschloss, etwas zusammen zu machen. Unter anderem bezieht sich die Zusammenarbeit auf die Näpfe, die hier im Buch von mir abgelichtet worden sind. Diese Beuteküche-Näpfe von Hunter können mit dem verschließbaren und geruchsfreien Silikoneinsatz unter anderem das Auftauen von Fleisch sehr erleichtern. Auch kann man mögliche Zweitportionen aus der Dose direkt in die Silikonschüssel füllen und bei der nächsten Mahlzeit einfach wieder in den Napf legen. Das erspart, dass man halb leere Dosen im Kühlschrank oder draußen stehen lassen muss. Auch darauf bin ich sehr stolz.

Zusammen mit der Tiefkühlfleischfirma Petman, der Barflinie von Dr. Clauder, den Näpfen von Hunter, diesem Buch hier vom Cadmos Verlag und der Beuteküche werde ich in Zukunft auf etlichen Messen und Veranstaltungen aktiv sein. Und das alles nur, weil ich meinem Sohn kein Baumhaus bauen wollte. Denn ohne seinen Wunsch vom Baumhaus keine Phoebe, ohne Phoebe keine Ponti, ohne Ponti keine Auseinandersetzung mit dem Thema Ernährung, ohne das keinen Barfladen, ohne den Laden nicht die Möglichkeit, all das zu tun, was uns so sehr Spaß macht. Hiermit wollte ich euch einen Einblick in mein eigenes Hundeleben geben und warum ich das alles mache. Jetzt ist es aber an der Zeit, auf andere Bereiche zu schauen. Weiter geht's gleich mit meinem Lieblingsthema, dem Barfen. Vorher möchte

ich noch einmal betonen, dass generell das Thema Hund ein wahnsinnig emotionales Thema ist. Jeder Halter hängt mit seinem ganzen Herz an seinem Tier und versucht, alles erdenklich Gute für sein Tier zu leisten.

Es hängt auch eine verdammt große Industrie an diesem Thema und setzt in so vielen verschiedenen Sparten jährlich Hunderte Millionen Euro um. Unendlich viele Trainer, Züchter, Berater und Verkäufer, die für das Thema Hund, aber auch vom Thema Hund leben. Man kann es nicht allen recht machen. Mein Antrieb ist vielmehr, Erfahrung zu teilen, sich auszutauschen – für unsere Hunde.

Unser Beuteküche-Napf. Darauf bin ich einfach nur stolz!
(Foto: Oli Petszokat)

(Foto: Max Sonnenschein)

GANZ EINFACH BARFEN

Im Herzstück des Buches, dem Ernährungsteil, geht es mir darum, artgerechtes Füttern am gesunden Hund in seiner einfachsten Form aufzuzeigen. Im Anschluss daran werde ich aber noch hochwertige andere Varianten des Fütterns aufzeigen und erklären, wie man am besten an Fertigfutter herangeht, falls man partout nicht barfen mag. Auch werde ich von den verschiedenen Varianten Bilder zeigen, damit man sich das ungefähr vorstellen kann.

Als ich vor vielen Jahren zum Barfen kam, habe ich mich mit unzähligen Büchern und Blogs, Erfahrungsberichten und gut gemeinten Ratschlägen von Barfern an das Thema herangetraut. Mein Fazit: Vier wichtige Punkte beherzt beachten und einfach loslegen. Dann kann man endlich den eigenen Hund richtig kennenlernen, herausfinden, was ihm schmeckt und was er verträgt, ihm die Abwechslung bieten, die er verdient hat – der beste Freund des Menschen. Wie schon erwähnt, betreibe ich gemeinsam mit meiner Frau seit ein paar Jahren einen Barfladen in Köln. Dadurch habe ich mitbekommen, wie verunsichert viele Hundehalter beim Thema Füttern sind.

Keine Angst vor dem natürlichen Füttern

Viele Gerüchte spuken rund um das Thema Barf. Mit diesen will ich hier aufräumen. Es ist nicht schwer, artgerecht zu füttern. Viele Barfbücher machen aus ihrer Ansicht der Ernährung eine Religion. Sie verkomplizieren viele Sachverhalte rund um die Ernährung des gesunden Hundes. Verschiedene Heilpraktiker kämpfen regelrecht um die „richtige" Art und Weise zu barfen. Leider bleibt da der Barflaie unschlüssig zurück. Warum macht man es den Hundehaltern nicht einfach? Will man als „Experte" unantastbar bleiben? Will man an Futterplänen Geld verdienen?

Meiner Meinung nach gibt es nicht den einen richtigen Weg. Genauso wie bei uns Menschen gibt es auch in der Hundewelt verschiedene Geschmäcker und es gibt Unterschiede, was die Bekömmlichkeit verschiedener Fleisch- und Gemüsesorten betrifft. Mein Sohn wird auch von mir bekocht. Ich weiß, was ihm schmeckt und was er verträgt. Ich musste dafür nicht Ernährungsberater werden. Genauso sehe ich das im Hundebereich. Viele predigen Barf als Religion und streiten sich, überzogen dargestellt, um Kalziumangaben im Zehntelbereich – sozusagen um die perfekte Ernährung. In der Raumfahrt macht so etwas vielleicht beim Menschen Sinn:

monatelang im All. Da muss wahrscheinlich tatsächlich der Bedarf exakt ausgerechnet werden. In unserem Alltag oder in der freien Wildbahn ist so etwas eher unwahrscheinlich. Wir wissen zwar auch theoretisch, wie wir uns möglichst gesund ernähren könnten. Die Praxis sieht, Besuche bei Fastfoodketten inklusive, jedoch anders aus. Auch in der Natur laufen die Tiere nicht mit Küchenwaage und Ernährungstabellen herum.

Deswegen habe ich mir überlegt, wie ich diesen Sachverhalt so einfach und plakativ wie möglich klarmachen kann. Es kam mir die Idee, das Essverhalten der Urform, des Vorfahren des Hundes, aufzuzeigen und anhand dieser das Barfen zu erklären. Es ist klar, von

Pansen gerne auch mal am Stück geben. Das ist gut zur Zahnreinigung.
(Foto: Oli Petszokat)

wem ich rede. Er traut sich langsam wieder aus den Wäldern und scheint wieder Einzug in die deutsche Natur gehalten zu haben: der Wolf. Er tritt, um das jetzt kurz zu halten, im Rudel auf. Wenn so ein Rudel auf der Suche nach etwas Essbarem ist, können das auch mal Kräuter, Beeren, Nüsse et cetera. sein. Aber worauf ich hinaus will, ist das Beutetier im Einzelnen.

Um uns dem Thema Barf anzunähern, ist es wichtig zu wissen, was sich die Natur gedacht hat. Denn ich denke, es ist logisch, dass 30 Jahre Werbeindustrie nicht gegen Tausende Jahre Evolution ankommen. Wie macht es der Wolf? Denn Magen-Darm-Trakt von Wolf und Hund sind so gut wie gleich. Deshalb gehen wir beim Barfen vom gefangenen Beutetier aus. In unserem Fall werde ich ab jetzt vom Kaninchen sprechen. Dieses wird von Wolf und Hund gejagt und in manchen Fällen auch gefangen. Im Rudel würde sich der Chef die besten Teile schnappen. Die schwächeren Tiere im Rudel bekommen nicht immer alles ab – und überleben trotzdem. Wir gehen dennoch davon aus, dass das ganze Tier zur Verfügung steht. Da wir unseren Haustieren in den meisten Fällen das Jagen nicht erlauben, sind wir meiner Meinung nach deshalb dafür zuständig, dass unsere Hunde dennoch das von uns zu essen bekommen, was sie normalerweise gejagt und gefangen hätten.

Im Anschluss an die einzelnen Ausführungen der Barfbestandteile zeige ich euch ein paar fertige „Menüvorschläge", damit ihr auch sehen könnt, wie man was theoretisch kombinieren kann und wie abwechslungsreich der Napf aussehen kann.

Neben Muskelfleisch auf jeden Fall auch Innereien füttern, hier zum Beispiel Leber.
(Foto: Oli Petszokat).

Schritt 1: Das Fleisch

Bei meinen Barfshows gemeinsam mit der Beuteküche gehen wir von einem Beutetier aus und zerlegen es in die vier wichtigsten Teile. Diese stellen wir in unserer frischen Küche nach. Los geht's:

Der erste und wichtigste Bestandteil des Beutetieres ist das Fleisch. Umso unverständlicher ist es für mich, dass einem oft vorgegaukelt wird, Getreide sei wertvoll für Hunde. Macht doch einmal den Versuch, falls ihr momentan getreidereiches Trockenfutter füttert. Euer Hund macht wahrscheinlich drei- bis viermal am Tag sein großes Geschäft.

Das ist ein Zeichen dafür, dass der Hund das Futter überhaupt nicht verwerten kann. Unsere Hunde, die gebarft werden, machen in der Regel einmal am Tag ihr Häufchen, gerade weil sie ihr Futter optimal verstoffwechseln und verwerten.

Fleisch sollte in einer Barfmahlzeit ungefähr zwischen 70 und 80 Prozent ausmachen. Wir können den Anteil bei Gewichtszunahme oder -abnahme variieren. Mehr Fleischanteil – mehr Gewicht.

Generell können wir so gut wie jede Fleischart verwenden außer Schweinefleisch. Ein gut sortierter Barfladen führt unter anderem:

- Varianten vom Rind
- Rinderstich und Saumfleisch
- Rinderbacken
- Rinderpansen und Blättermagen
- Rinderherz
- Pferdefleisch (wird oft bei Allergikerhunden gefüttert; bitte mit Arzt und/oder Tierheilpraktiker abstimmen und/oder als Fleischsorte beim gesunden Hund aussparen, damit man im Allergiefall eine noch nicht gefütterte Fleischvariante hat)
- Kaninchenfleisch
- Hühnerfleisch
- Lammfleisch
- Ziegenfleisch
- Fisch

Wichtig ist es darauf zu achten, dass man nicht nur mageres Muskelfleisch füttert. Das sind beispielsweise die Rinderbacken.

So ein Beutetier besteht nicht nur aus Muskelfleisch, sondern auch aus den Inner-

Eine fertige Mahlzeit: rohes Fleisch mit Gemüse/Obst-Smoothie.
(Foto: Oli Petszokat)

eien. Deshalb wäre es perfekt, im groben Ablauf einer Woche einmal „quer durchs Tier" zu füttern.

Das bedeutet zum Beispiel, neben Rinderstichfleisch und Rinderherz auch mal Leber, Niere oder Milz zu geben. Wir bevorzugen bei uns die Leber, welche die Vitamine A und D enthält. Auch Pansen darf es einmal die Woche geben.

Das Fleisch wird so gefüttert, wie es in der Natur vorkommt – roh. Es muss und soll weder gekocht noch gebraten werden. In der Natur wartet der Hund oder Wolf auch nicht darauf, dass ein Blitz in den Hasen einschlägt oder er in Island in einem Geysir gegart wird.

Bei Erhitzung verschwinden leider wichtige Enzyme. Falls man Büchsenfleisch füttert, sollte man zum Beispiel pürierte Ananas oder Papaya hinzugeben, um das Enzymdefizit auszugleichen.

Gerne kann die jeweilige Barfportion auch tiefgefroren und vor dem jeweiligen Verzehr aufgetaut werden. Rohfütterung ist nicht bedenklich. Im Gegenteil: Der Magensäuregehalt des Hundes ist zehnmal so hoch wie der des Menschen. Durch Fleischfütterung wird der Magen sauer gehalten. Bei Getreidefütterung wird er basischer. Das begünstigt Bakterien. Durch Frischfleischfütterung steigt der Phosphorhaushalt des Hundes. Und Hunde brauchen Phosphor. Wie dieser auf einem optimalen Level bleibt, erkläre ich genauer bei Schritt drei.

Das war der erste und wichtigste Schritt beim Barfen. Das Fleisch wird meistens grob gewolft gefüttert. Aber es ist kein Problem, größere Stücke zu füttern, wie sie eher in der Natur vorkommen. Große Fleischstücke sind automatisch, neben einer anderen Variante, auf die ich später noch genauer eingehen werde, eine natürliche Zahnreinigung. Das kann ein großes Stück Rindermuskelfleisch sein, aber auch ein größeres Stück Pansen.

Viele Kunden in unserem Laden sagen, dass ihr Hund immer so schlingt und doch mal langsamer essen solle. Da muss man sich aber keine Sorgen machen. Manche Schäferhundarten verschlingen bis zu 900 Gramm große Stücke. Es ist nicht verwunderlich, dass Hunde Schlinger sind. Die Verdauung beginnt bei uns Menschen bereits im Mund. Zerkauen und Einspeicheln sind die ersten Schritte. Beim Hund beginnt die Verdauung erst im Magen. Also nicht aufregen, wenn das Essen ratzfatz weg ist.

Man kann das Gewicht des Hundes auf zwei verschiedene Arten beeinflussen. Zur Gewichtszunahme füttert man entweder mehr Fleisch oder man bleibt bei der Fleischration, achtet aber auf den Fettgehalt des Fleisches. Das heißt, dass nicht nur mageres Muskelfleisch auf dem Speiseplan steht, sondern es zum Beispiel auch mal fettiger Pansen oder Kuheuter sein darf. Einige Metzger oder auch Online-Barfshops bieten auch reines Fett an, zum Beispiel vom Pferd, von der Gans oder vom Rind.

Generell kann man in der Herbstzeit langsam anfangen, ein wenig mehr Fett zu füttern. Hunde ziehen sich ihre Energie aus Fett. Bei uns Menschen ist es anders. Wir benötigen Kohlenhydrate, die zu Zucker werden und uns dann Energie geben. Kommen wir zum nächsten Schritt.

Schritt 2: Fell und Mageninhalt

Da wir immer noch von unserem Kaninchen als Beutetier ausgehen, schauen wir uns an, was außer dem Fleisch noch verzehrt wird. Denn leider gibt es Hundehalter, die denken, dass es reicht, einfach nur Fleisch zu füttern. Das wäre wie auch bei uns Menschen aber eine Mangelernährung.

Schritt zwei beschäftigt sich mit dem Fell und dem Mageninhalt des Beutetieres. Das Fell wird in Regel wieder ausgeschieden. Im Körper des Hundes wirkt es jedoch darmreinigend.

Täglich grüßt das Murmeltier. Wir pürieren jeden Tag Obst und Gemüse für den Laden.
Frisch ist am besten! (Foto: Oli Petszokat)

Der Mageninhalt des Beutetieres, welches ein Pflanzenfresser ist, besteht aus Gräsern, Kräutern, Blättern und Blüten. Diese erzeugen neben dem normalen festen Kot einen vitaminhaltigeren weicheren Kot im Blinddarm. Da der Mageninhalt anverdaut ist, müssen wir im zweiten Schritt des Barfens eine Sache beachten, zu der wir gleich kommen werden.

Zunächst stelle ich euch den Ersatz für Fell und Magen vor: Wir nehmen Obst, Gemüse, gerne auch Kräuter und nicht zu vergessen ein hochwertiges Öl. Das alles zusammen bietet uns eine Menge essenziell wichtiger Vitamine und Omega-Fettsäuren für unseren Hund.

Das Schöne ist, dass wir das normalerweise sowieso in unserer Küche haben sollten. Ihr könnt so gut wie alles benutzen. Wir sehen beim Obst von Zitrusfrüchten ab. Aber nur, weil unsere Hunde diese nicht vertragen. Das ist von Hund zu Hund unterschiedlich. Probiert es aus. Lernt euren Hund auch in diesem Punkt besser kennen.

Bei uns sind es meistens Äpfel, Birnen, Bananen und auch mal ein bisschen Ananas und Papaya, da diese im Enzymbereich echte Powerfrüchte sind.

Im Gemüsebereich gibt es auch ein riesiges Angebot. Es ist angebracht, darauf zu achten, wie was beim Hund ankommt und rauskommt.

Ganz einfach barfen

Wir lassen zum Beispiel Nachtschattenge-wächse wie Tomaten und Paprika weg. Bei uns gehören Gurken, Zucchini, Wurzelpeter-silie, Sellerie, rote Beete, Karotten, Rucola, Feldsalat, Petersilie, Brennnessel, Löwen-zahn und einiges mehr im stän-digen Wech-sel zum Gemüserepertoire. Im Herbst kommt auch mal Kürbis dazu – weichgekocht.

Das restliche Gemüse sollte zwar wieder roh gefüttert werden, aber auf jeden Fall davor gut püriert werden. Warum pürieren-wir das Gemüse?

Da der Mageninhalt des Kaninchens, wie wir erfahren haben, anverdaut ist, ist es unsere Aufgabe, das Obst und Gemüse in die möglichst kleinste Form aufzuspalten, auf-zuteilen. Ob ihr da den Mixer vom Thermo-mix nehmt, einen Küchenstab benutzt oder eine andere Küchenmaschine zur Hilfe nehmt, ist euch überlassen. Die Evolution sieht vor, dass das Beutetier komplett ver-speist wird, einschließlich des verdauten Mageninhalts.

Der Magen-Darm-Trakt des Hundes ist zu kurz, um noch ganzes Obst und Gemüse zu zerkleinern und zu verstoffwechseln, um es so komplett verwerten zu können. Macht doch mal den Selbstversuch. Gebt eurem Liebling eine ganze Karotte. Beim nächsten großen Geschäft werdet ihr die grob zerbis-senen Stücke wiederfinden. Das passiert euch nicht, wenn ihr sie möglichst klein püriert. Das bedeutet nicht, dass der Hund beispielsweise keine Karotten essen soll. Nur in der Natur nimmt der Hund Gemüse und Obst als bereits anverdauten Magenin-halt des Beutetiers zu sich und kann das so besser verwerten.

Auch gegartes Gemüse und Obst ist leichter zu verstoffwechseln als in roher, unpürierter Form. Der Gemüseanteil der Mahlzeit sollte 20 und 30 Prozent ausmachen, 70 bis 80 Pro-zent das Fleisch.

In das pürierte Gemüse gebt ihr ein wenig hochwertiges Öl. Wir machen das nach Gefühl. Durch das Öl könnt ihr auch den Fettgehalt der Mahlzeit regulieren. Mehr Öl, mehr Fett. Auch hier gilt: In der Herbst- und Winterzeit kann man ruhig ein bisschen mehr Öl geben und auch mal eine Nuss. In der befindet sich auch wichtiges Öl. Wir benutzen wechsel-weise zum Beispiel Rapsöl, Leinöl, Lachsöl, Dorschlebertran, Borretschöl oder Hanföl.

Wichtig für den Kalziumhaushalt
sind Knochen – gerne noch mit Fleisch.
(Foto: Oli Petszokat)

Schritt 3: Knochen

Kommen wir schon zum dritten und letzten Punkt. Wenn wir uns das Beutetier anschauen, wissen wir, dass es nicht nur aus Fleisch, Fell und Magen besteht. Was fehlt? Das sind die Knochen.

Der Wolf frisst das komplette Beutetier, mit Haut und Haar – und mit Knochen. Der Hund tut dies genauso. Hier sind auch wieder viele Knochenarten möglich. Schwein ist erneut auszuschließen.

Wir füttern unseren beiden Damen unter anderem:

- ganze Geflügelkarkassen
- ganze frische Hühnerhälse
- Kalbsbrustknochen
- Ochsenschwanz
- Rinderknie
- Kalbsunterbein und viele mehr

Auch in der Geflügelvariante gibt es gute Knochen. Hühnerhälse sind am Stück oder gewolft zu füttern. (Foto: Oli Petszokat)

Aber warum brauchen und essen unsere Hunde die Knochen? In rohem Fleisch ist Phosphor. Das brauchen Hunde. Damit der Phosphorspiegel nicht zu hoch wird, reguliert die Natur mit Kalzium. Das ist bekanntlich in Knochen enthalten. Wir füttern circa zweimal die Woche fleischige Knochen. Genauere Mengenangaben brauchen wir für uns nicht. Die Tiere laufen im Wald auch nicht mit einer Taschenwaage und Futterliste durch die Gegend. Da wir vom komplett gegessenen Beutetier ausgehen, schauen wir auf das Verhältnis Knochen zum restlichen Körper.

Da wir die Bestandteile des Beutetieres (Muskelfleisch, Innereien, Herz, Mageninhalt und Knochen) im Ablauf einer guten Woche einmal komplett darreichen sollten, kommen wir auf ungefähr zwei Knochenrationen pro Woche. Bitte dringend darauf achten, dass die Knochen roh gegeben werden – wie in der Natur. Da wird auch nichts gebraten, gegrillt oder gekocht. Bei Erhitzung besteht eine weitaus höhere Gefahr, dass die Knochen beim Kauen splittern und so zu Verletzungen führen können. Die Knochen haben noch einen weiteren Vorteil. Sie liefern nicht nur das wichtige Kalzium, sondern stellen auch, wie große Stücke Fleisch, eine natürliche Zahnreinigung dar.

Es ist völlig normal, dass am Tag nach der Knochenfütterung der Stuhl des Hundes wesentlich härter ist als normal. Deshalb ist es auch wichtig, dass es fleischige Knochen sind. Sonst wäre es viel zu trocken.

Wir ersetzen keine kompletten Mahlzeiten mit Knochen, sondern geben sie an zwei Tagen als Leckerlis nebenher. Auf das Thema Leckerlis komme ich gleich noch mal ausführlicher zu sprechen.

Jetzt noch schnell ein Tipp, wie man im Haushalt meistens noch eine Kalziumquelle finden könnte, auch wenn man keine frischen Knochen dahaben sollte. So ziemlich alle außer „Veganern" haben Eier in der Küche. Eierschalenkalk ist sehr kalziumhaltig. Einfach das Ei über die Mahlzeit knacksen, fertig. Dabei ist es ganz egal ob dies mit oder ohne Inhalt geschieht.

Man kann sich den Eierschalenkalk auch haltbar und damit jederzeit verfügbar machen: Die Eierschalen trocknen und in der Küchenmaschine oder mit dem Mixer zu Pulver zerzerkleinern. Alles in eine verschließbare Büchse füllen und fest verschrauben. So wird sich das Pulver recht lange halten.

Das war der letzte Schritt des Barfens. Bevor wir gleich noch zu einigen abwechslungsreichen Menüvorschlägen kommen, möchte ich noch ein paar Anregungen im Leckerlibereich geben.

Leckerlis

Um das noch mal in aller Deutlichkeit klarzumachen: Viele dieser Dinge kann man einfach nicht wissen, wenn man nicht gezielt danach fragt. Wir haben das anfangs auch nicht gewusst und vieles falsch gemacht. Aber wenn man sich austauscht, hat man die Chance, aus Fehlern zu lernen. Eine liebe Kollegin von mir, Sabine Thöne-Groß, Barfexpertin seit 15 Jahren, sagt immer so schön: Ein Experte ist jemand, der alle Fehler schon einmal selber gemacht hat.

Deswegen haben wir vor Jahren trotz des Barfens immer noch Mist gebaut – und zwar im Leckerlibereich. Es bringt leider überhaupt nichts, wenn man, was die Hauptmahlzeiten betrifft, alles richtig macht und frisch füttert, aber im Leckerlibereich alles wieder zunichte macht.

Leider gibt es sehr viele, meiner Meinung nach ungesunde Leckerlis. Ich finde, auch in die kleinen Freuden, Belohnungen oder Knabbersachen gehört kein Getreide hinein, genauso wenig wie Zucker.

Man sagt, dass manche Leckerlis extra mit Zucker überzogen werden, damit sie als Süßigkeit gelten und so ein geringerer Mehrwertsteuerbetrag ausgewiesen werden muss. Ob das stimmt, weiß ich nicht. Ich habe aber das Gefühl, dass der Mensch, egal in welchem Bereich, kein Geschäft liegen lassen wird. Am Ende ist es immer die Gewinnoptimierung und der Profit, die den Menschen schwach werden lassen.

Zurück zum Leckerli: Eigentlich will man ja etwas Gutes tun, seinem Hund eine Freude bereiten oder ihn im Training motivieren und belohnen. Was den Trainingsbereich betrifft, gibt es verschiedene Philosophien. Einige arbeiten mit Futter als Belohnung, andere zum Beispiel einfach nur mit Loben und Streicheln.

Putenhals und Pferdeohren. Natürlich belohnen!
(Foto: Oli Petszokat)

Bei der Art der Leckerlis übertragen wir bedauerlicherweise oft unsere Vorlieben auf die Hundewelt. Wir würden uns zum Beispiel über einen Keks freuen. Nun, das macht der Hund sicherlich auch. Aber Weizen, Zucker und das alles ist für den Hund nicht die geeignetste Lösung.

Es gibt im Leckerlibereich aber auch tolle Varianten – selbst wenn man unbedingt einen Keks füttern möchte. Nur dann bitte die Varianten mit zum Beispiel Kastanienmehl, ohne Zucker, ohne Gewürze.

Ich verspreche euch, dass der Hund sich trotzdem freuen wird. Aber muss es unbedingt etwas künstlich Hergestelltes als Leckerli sein?

Das Schöne beim Barfen und bei naturbelassenen Leckerlis ist, dass das komplette Schlachttier verwertet wird. Im Leckerlibereich können wir Sachen füttern, die wir für uns als Menschen eher als ungenießbar einstufen und entsorgen würden: Rinderhufe zum Beispiel, oder auch Achillessehnen, Rinderkopfhaut, Nasenknorpel, Lunge vom Lamm, Hirsch und Rind.

Dazu gehören auch Hühnermägen, Hirschgeweihe, Hühnerbrust, generell Dörrfleisch (wenn man möchte, kann man sich das mit einer Dörrmaschine auch selber machen), Ochsenziemer, Lammpansen, Ohren vom Pferd, Kaninchen, Lamm, Hirsch oder Rind – alles im getrockneten Zustand als Leckerli.

Ganz einfach barfen

Diese Liste könnte ich jetzt ewig weiterführen. Da gibt es die Varianten als kleinen Snack zwischendurch oder auch zum lange darauf Rumknautschen. Ich finde das großartig, weil man wirklich weiß, was man füttert. Ein Rinderohr besteht zu 100 Prozent aus Rinderohr.

Wie jetzt bekannt sein sollte, ist für mich, ist für mich das Barfen und das Füttern von naturbelassenen Leckerlis die beste Möglichkeit. Aber das ist nicht jedermanns Sache. Manchen ist das rohe Fleisch nicht recht, weil sie Vegetarier sind, weil sie es ekelig finden, weil sie es nicht riechen können oder aus unzähligen anderen Gründen: zum Beispiel, weil es zu aufwendig ist, sich das zu organisieren, weil es schwierig ist, das im Büro zu lagern und so weiter.

Das ist zwar schade, am Ende kann man das wahrscheinlich nicht ändern – außer, was den Geruchsbereich betrifft. Es gibt einen Supernapf mit Silikondeckel, der das Futter geruchsneutral einschließt. So kann man Futter draußen im Napf auch ohne den für manchen ekeligen Geruch lagern. Außerdem bietet es einem die Möglichkeit das Fleisch über Nacht auftauen zu lassen, ohne dass gleich die ganze Wohnung nach Pansen riecht.

Bei den anderen Punkten bleibt leider nur das Ausweichen auf Trocken- oder Nassfutter. Aber wenn man schon nicht barft, sollte man wenigstens auf eine möglichst hohe Qualität achten.

Einen Fleischanteil von 70 Prozent sollte man schon erreichen. Getreidefrei sollte das Futter in jedem Fall sein. Wenn dann noch alles natürliche Zutaten sind, alle Inhalte aus Deutschland kommen und sogar Lebensmittelqualität garantieren, kann man sich sicher sein, dass man ein Premiumfutter füttert.

Auf einer Inhaltsangabe sollte als Erstes Fleisch stehen. Dann ist davon am meisten im Futter enthalten. Wenn Getreide oder Zucker mit enthalten sind, rate ich davon ab.

Ich als nicht nur Barfer, sondern auch Barfladenbetreiber, merke im täglichen Austausch mit meinen Kunden, dass es wichtig ist, immer eine Alternative zu haben – aus welchem Grund auch immer. Nur sollte diese Alternative so hochwertig sein, wie es geht. Achtet auf euer Tier!

Unsere eigene Dosenreihe in Barfzusammensetzung. 100 Prozent natürlich und in Lebensmittelqualität. (Foto: Oli Petszokat)

Menübeispiel

MENÜ 1

Für einen Hund, der zehn Kilo wiegt:

- Morgens: 120 g Rinderbäckchen und 30 g Smoothie mit Öl
- Abends: 150 g Pansen pur

MENÜ 2

Phoebe wiegt 25 Kilo und ihre Tagesration liegt bei 600 Gramm. Diese setzt sich aus 500 Gramm Fleisch und 100 Gramm Gemüse zusammen. Das bedeutet für zwei Mahlzeiten pro Tag folgende Möglichkeit:

- Morgens: 250 g Rinderlefzen mit 50 g Smoothie mit Öl
- Abends: 300 g Blättermagen

MENÜ 3

Einer unserer Hundekunden, der Konrad, braucht sehr viel mehr Futter am Tag. Die Komplettration liegt bei einem Kilogramm. Er wird im Gegensatz zu anderen Hundekunden einmal am Tag gefüttert und bekommt von uns daher:

- 800 g Fleisch, 200 g püriertes Obst und Gemüse mit Öl oder
- 1 Kg Pansen pur

Manche Hundehalter füttern nur eine Portion pro Tag. Wir füttern zweimal am Tag. Bei einigen Hunden ist es besser, wenn sie abends etwas im Magen haben, damit die Magensäure etwas zu tun hat über Nacht.

Wenn man will, dass der Hund zunimmt, sollte man nicht einfach nur mehr füttern, sondern eher mehr Fett hinzufügen – entweder durch fettigere Fleischsorten und Pansen oder durch reines Fett, das unter das andere Futter gemischt wird. Pures Fett gibt es vom Pferd, Lamm, Rind et cetera.

So eine Tabelle gibt Richtwerte an. Am besten ist es dennoch immer, ein Auge auf die Figur des Hundes zu haben. (Foto: Oli Petszokat)

(Foto: Max Sonnenschein)

ALLTAG MIT HUND

Wenn man sich über das alles im Klaren ist, kann es losgehen, das Leben mit Hund. Das bedeutet nicht nur das gemeinsame Wohnen, sondern unter anderem das Gassigehen, Cafébesuche oder ein gemeinsamer Urlaub. Und das schauen wir uns jetzt mal einzeln an:

Wohnen mit Hund

Es ist immer wieder ein komisches Gefühl, wenn ich ohne Hund zu Gast bei Freunden bin. Ständig habe ich den Drang, alles Essbare auf eine „sichere Höhe" zu legen. Wenn man mit Hund lebt, läuft das irgendwann automatisch.

Ich weiß noch genau, wie meine Frau einmal laut fluchte und schreiend hinter Phoebe durch die Wohnung herrannte. Die hatte sich die gerade fertiggestellte Brotzeit unter den Nagel gerissen. Seitdem lassen wir nichts mehr auf Schnauzenhöhe liegen und auch Tabletten, Cremes, Socken et cetera liegen jetzt immer in Sicherheit.

Die Vorlieben und das Verhalten der Hunde, was das betrifft, kann man wirklich nicht verallgemeinern. Manche Hunde knabbern gerne an Schuhen, andere an Fernbedienungen, wieder andere wollen damit nichts zu tun haben und konzentrieren sich lieber auf ihr eigenes Spielzeug. Man findet das recht schnell heraus und kann dann reagieren.

Wenn mir jemand sagt, dass sein Hund zum Beispiel immer an die Schuhe geht, denke ich mir, dann stell doch die Schuhe unerreichbar weg und gib deinem Hund einen anderen Anreiz zum Spiel.

Meine große Dame hat immer einen von uns sogenannten Freuknochen. Das ist meist ein dickes Tau oder ein anderer unkaputtbarer Apportierartikel. Immer wenn sie sich freut, zum Beispiel wenn jemand von uns nach Hause kommt, muss sie unbedingt irgendwo reinbeißen und es durch die ganze Wohnung tragen.

Cafébesuch mit Hund - kein Problem. Ich fühle mich nur irgendwie immer beobachtet.
(Foto: Oli Petszokat)

Am Anfang waren das Socken und Schuhe, jetzt ist es der Freuknochen. Der liegt auch immer für sie erreichbar in ihrem Bettchen oder in der Wohnung.

Unsere Kleine braucht sowas nicht. Was aber nicht heißen soll, dass sie sich nicht freut, wenn wir nach Hause kommen.

Ansonsten raten die Trainer, mit denen wir arbeiten dazu, dass sonstiges Spielzeug nicht in in großer Menge und schon gar nicht immer griffbereit für die Hunde herum liegen sollte. Frisbees, Bälle und so weiter sollten einzig zum gezielten Spielen, Apportieren und Toben rausgeholt werden.

Auch auch hier gilt, dass nicht jeder Hund Agility braucht, nicht jeder Hund muss aus-gepowert werden. Das ist rasse-, körperbau- und auch wieder hundeabhängig. Man sollte sich vorher ausführlich bei Trainern und Agi-lityprofis informieren, wenn man daran Inte-resse hat. Und dann einfach mal etwas Neues ausprobieren - warum nicht?!

Das Spielzeug sollte, wie schon erwähnt, nicht quietschen und keine Weichmacher enthalten. Falls der Hund mal ein Teil abbeißt, könnte es ansonsten passieren, dass es im Magen des Hundes hart und spitz wird. Dies kann dann nämlich zu Verletzungen führen.

Auch sollte man unbedingt die Größe des Spielzeuges beachten, damit es vom Hund nicht verschluckt werden kann.

Ein Team, eine Familie: Pontus und Phoebe.
(Foto: Oli Petszokat)

DER HUND DARF ALLES, WENN ...

Oft wird die Frage gestellt, ob ein Hund auf die Couch oder ins Bett darf. Ganz einfach erklärt: Der Hund darf alles, aber nur, wenn es von uns auch gewollt ist und signalisiert wird. Sprich: Wenn der Hund von alleine in unser Bett springt, sollte man ihn wieder herunterschicken. Wenn er sich dann anderswo abgelegt hat, kann man ihn gerne zu sich ins Bett rufen. Die Intention soll dabei von uns aus gehen.

Wenn es generell Probleme gibt, was das Zusammenwohnen mit dem Hund betrifft, etwaiges Bellen bei Geräuschen draußen et cetera, gibt es tolle Seminare und Workshops zu diesem und anderen Themen. Wir gehen zum Beispiel immer zu Ellen de Sousa Marquess von Rütters D.O.G.S. Coole Infoabende rund um den Hund, ob territoriale Hunde, Hunde zu Hause, unterwegs mit Hund, Kommunikation unter Hunden richtig deuten und viele Themen mehr. Will meinen, dass man sich aktiv zu allen Themen und Fragen bei Profis Tipps und Tricks einholen kann. Man merkt gerade bei solchen Seminaren, dass man mit seinen Sorgen und Problemen nicht alleine dasteht.

Wenn es dann rausgeht zum Gassi- oder Spazierengehen, finde ich es persönlich gut,

Stets adrett gekleidet, die Damen.
(Foto: Max Sonnenschein)

wenn man innerstädtisch immer den Hund an der Leine hat. Leider erlebe ich es zu oft, dass Hunde ohne Leine ankommen und es dadurch oft zu Reibereien kommt. Denn die angeleinten Hunde verhalten sich aufgrund ihrer beschnittenen Freiheit anders als würden sie sich unangeleint auf einer großen Wiese treffen.

Von Roll-Leinen halten die meisten Trainer, mit denen ich darüber gesprochen habe, nicht so viel, denn es kann vorkommen, dass der Hund das Klickgeräusch schnell mit einer Stress- oder Gefahrensituation verknüpft. Also eher eine normale Leine neh-

men und den Hund so halten, dass er stets unter Kontrolle ist. Bei zu langer Leine oder unangeleint hätte ich immer die Angst, dass er auf die Straße rennt. Grund dafür kann ein anderes Tier oder etwas Essbares sein, das ihn anzieht.

Das Wichtigste ist, aufmerksam zu sein. Sei es alleine die Situation, wenn einem ein ängstlicher Mensch entgegenkommt. Auch da heißt es aufmerksam sein und zur Not einfach die Straßenseite wechseln. Nie auf Konfrontation gehen. Wenn ein Mensch die nahe Begegnung mit einem Hund nicht mag, muss man das akzeptieren.

Hundepflege

Kommen wir zur Zahn- und Fellpflege: Da es in der Natur ja auch keine Haar- und Zahnbürsten gibt, ist es für viele befremdlich, wenn man mit dem Hund entweder zur Zahn- oder Haarpflege geht.

Auf Grund des Züchtens durch den Menschen sind viele Hunde aber so verändert, dass die Natur bestimmte Dinge nicht mehr regeln kann. Da wachsen die Haare gerne mal über die Augen, das Geschlecht oder die Pfoten.

Um dem Hund zu helfen, gibt es zum Beispiel die Groomer. Viele von ihnen sind im Bundesverband der Groomer, BVdD, organisiert. Über den BVdG findet ihr problemlos einen Groomer in eurer Nähe, der sich perfekt um die Fellpflege eures vierbeinigen Freundes kümmern kann.

Zudem gibt es die Möglichkeit, die Zähne seines Hundes fachmännisch säubern zu lassen. Fragt doch einfach in eurer Tierarztpraxis nach. In der Natur wird das eigentlich automatisch durch das Abreißen von Fleischstücken und das Kauen zum Beispiel von Knochen erledigt.

Da leider in einigen Futtermitteln und Leckerlis Getreide, Zucker und andere Sachen enthalten sind, kann es zu einer früheren als der altersbedingten Zahnsteinbildung führen. Darauf sollten wir unbedingt achten und den Hunden helfen.

Meiner Meinung nach wäre es aber besser, das gar nicht erst machen zu müssen, wenn es bereits zu spät ist und der Hund in Narkose die Zähne gemacht bekommt, sondern von Anfang an durch eine optimale Ernährung viele kariesbildende Gefahrenquellen auszuschließen.

Meine neunjährige Labradordame hat noch tolle Zähne. Bei anderen neunjährigen Kundenhunden bei uns im Laden sieht das leider oft anders aus.

Bei Nachfrage bestätigen deren Halter eine Fütterung von minderwertigem Trockenfutter und nachlässigen Umgang mit Leckerlis. Also auch hier gilt es, besonders aufmerksam zu sein. Euer Hund wird es euch danken.

Das Hirschgeweih ist ein super Knabberleckerli: 100 Prozent Natur und geruchsneutral. Und das Beste: Es hält ewig! (Foto: Oli Petszokat)

Veterinärsuche

Der feste Tierarzt, also Veterinär, gehört sicher zu einer der wichtigsten Entscheidungen, die man als Tierhalter fällen muss. Man könnte sicherlich in Apps suchen oder diverse Internetseiten durchforsten. Das würde für mich aber eher im Notfall infrage kommen, wenn der feste Tierarzt oder die für den Notfall rausgesuchte Tierklinik nicht in der Nähe sind.

Ich finde, dass es sich für den eigenen Hund wie für sich selbst anbietet, seinen festen Arzt zu haben, der wenn möglich in der näheren Umgebung seine Praxis hat. Diesen sollte man sich aber nach eigenen Bedürfnissen und Ansichten aussuchen. Lieber fahre ich ein Stück weiter und der Arzt erfüllt meine Wünsche in dieser Hinsicht, als dass ich nur auf die Entfernung achte und der Tierarzt überhaupt nicht zu mir passt.

Um sich an das Thema heranzuwagen, ist es meiner Meinung nach das Beste, sich mit anderen Hundehaltern auszutauschen. Das ist generell eine gute Sache. Gerade in gesundheitlichen Fragen hat jeder schon etwas erlebt, gehört und mitgemacht und kann so Erfahrungswerte einbringen. Ich bin der Meinung, am Ende muss es einfach passen. Man muss dem Arzt vertrauen können. Wie bei uns Menschen spielt auch bei den Tieren eine große Rolle, ob das Gefühl stimmt.

Mir war es wichtig zu wissen, dass sich die behandelnden Ärzte in der Praxis auch mit dem Thema artgerechte Ernährung auskennen. Leider höre ich zu oft, dass relativ schnell zu Kortison gegriffen wird. Viele unserer Kunden beklagten das und bestätigten, dass sie nach der Ernährungsumstellung komplett auf die Spritzen verzichten konnten. Dann stellten sie sich die Frage, warum ihnen von Arztseite nicht dieser Schritt geraten wurde. Gerade dieses Thema ist allerdings recht heikel. Man kann nur mutmaßen. Jedoch hört man immer ähnliche Geschichten, dass teilweise gesponserte Futtermittel empfohlen werden, obwohl das enthaltene Getreide bei bestimmten Allergien oder Unverträglichkeiten eher kontraproduktiv wäre.

Auch ich bin täglich im Laden – entweder vorne an der Theke oder hinten beim Abpacken der Monatsrationen. (Foto: Max Sonnenschein)

Phoebe findet überall einen Weg – warum auch immer.
(Foto: Max Sonnenschein)

Ich kann immer nur aus eigener Erfahrung berichten. Bei meiner Geschichte über Ponti habt ihr ja erfahren, dass sie an Unverträglichkeiten und allergischen Schocks fast gestorben wäre und leider immer nur neue Sensitive-Trockenfuttersorten und Spritzen verschrieben wurden. Unsere neue Tierärztin kennt sich nicht nur mit dem Thema Barf aus, sondern hat sogar Wassertherapiemöglichkeiten in ihrer eigenen Praxis. Sie tauscht sich zudem mit Tierheilpraktikern aus, was ich großartig finde. Die Praxis ist mit dem Auto in fünf Minuten zu erreichen. Für uns sind das wichtige Punkte. Jeder muss dies für sich selber entscheiden, aber sollte auf jeden Fall diese Aspekte einmal durchdacht haben. Auf dass man trotz guter Hilfe der Ärzte möglichst selten auf diese angewiesen sein wird!

Hundetrainer

Auch wenn ich nach außen hin gerne mal den Chaoten und Hundeverrücktmacher gebe, hat das nichts damit zu tun, dass ich mir trotzdem Gedanken über Hundeerziehung gemacht habe. Meine ersten Berührungen mit dem Thema Erziehung starteten nicht erst bei den Dreharbeiten mit Martin Rütter. Mit Phoebe ging es bereits im Welpenalter zur wöchentlichen Spielstunde. Bei ihr war aber relativ schnell zu sehen, dass sie ein wahnsinnig lieber, sozialer und folgsamer Hund ist, der sozusagen einfach gefallen möchte und alles dafür tut. Ohne dafür zu üben, verstand sie direkt Kommandos, zum Beispiel Such, Komm oder Warte. Das war einfach alles sofort da. Auch die anderen gängigen Übungen wie Leinenführigkeit lernte sie im Handumdrehen.

Obwohl in ihr ein halber Jagdhund steckt, geht sie diesem Trieb nicht nach. Zwar rennt sie im Wald einem Hasen hinterher, wenn sie einen sieht, lässt sich aber sofort zurückrufen. Durch diese perfekte Art von Phoebe hatte ich außer der Trainerin in der Welpenschule, die mir einen charakterlich perfekten Hund bestätigte, keinen Anlass zu weiteren Trainingseinheiten. Als Pontus dazu kam, war es daher in meinem Kopf klar, dass es nicht unbedingt nötig ist, einen Trainer zu konsultieren. Phoebe hat freundlicherweise alles von selbst gemacht. Wir haben jedoch schnell gemerkt, dass das von Hund zu Hund, von Rasse zu Rasse und Charakter zu Charakter unterschiedlich ist. Gerade die kleinen Bullys haben ihren eigenen Kopf, besonders aber Pontus.

Um zu verstehen, warum welcher Hund auf was wie reagiert, war es für uns total interessant, im Seminar von D.O.G.S.-Trainerin Ellen de Sousa Marquess in Köln dabei zu sein. Sie erklärt in verschiedenen Seminaren und Themenbereichen so viel Wissenswertes rund um Hund und Halter. Sie erzählt nicht nur sehr bildlich und verständlich, sondern zeigt auch anhand von Bildern und Videos während des Seminars sehr anschaulich, wie Aktionen von Hunden und Menschen bestimmte Reaktionen von Hunden hervorrufen. Bei Pontus war das Problem, dass sie immer das Gefühl hatte, uns beschützen zu müssen. Also lernten wir, wie wir ihr das Gefühl geben konnten, dass sie sich endlich entspannen kann und nicht mehr auf uns aufpassen muss.

Mit Pontus zu trainieren erfordert definitiv sehr viel mehr Zeit und Geduld als mit unserer Großen zu arbeiten. Gerade ihr Zwang auf uns aufpassen zu müssen, war nicht leicht herauszubekommen. Im Prinzip trainierten wir nicht mit ihr, sondern mussten uns selber konsequent auf unsere Aktionen konzentrieren und diese dem Problem anpassen. Wenn zum Beispiel draußen ein Hund bellt, während wir zu Hause sind, und wir nicht darauf reagieren, denkt Pontus, dass sie auf uns aufpassen muss. Nach dem Motto: Oh mein Gott! Warum hört ihr denn den Feind da draußen nicht? Muss ich mich hier um alles kümmern?

Also müssen wir zuerst reagieren. Das bedeutet in der Praxis, dass wir, sobald wir draußen einen Hund bellen hören, sofort aufstehen und uns ans Fenster stellen. Wir schauen kurz raus und sagen den Hunden mit ruhiger Stimme, dass alles in Ordnung ist. Man kommt sich dabei vielleicht ein bisschen komisch vor, aber es hilft. Dabei ist es wichtig, dass man das nicht nur zwei- bis dreimal macht, sondern konsequent durchzieht, bis man den erwünschten Erfolg hat. Auch gehen wir zuerst aus der Haustür, um den Hunden zu zeigen, dass wir die Erkunder sind, die checken müssen, ob eine Gefahr besteht. Beim nach Hause Gehen machen wir es anders herum, damit sie wissen, dass wir die Nachhut sind und sozusagen ihnen Rückenschutz geben. Nach ein paar Wochen war es viel besser. Auch mit Leckerlis kann man seinen Hund dazu bringen, ruhig liegen zu bleiben. Aber ich glaube, es ist besser, wenn man sich das gemeinsam erarbeitet und auch seine eigene Wirkung überdenkt.

Pontus liebt die Sonne – zwei Minuten lang. Dann sucht sie hechelnd einen Schatten. (Foto: Oli Petszokat)

DIE METHODE MUSS ZU HUND UND MENSCH PASSEN

Auch die Abrufbereitschaft draußen haben wir mit ihr gut üben können. Wir sind rundum zufrieden mit der Herangehensweise von Martin Rütter. Das sage ich nicht, weil ich seit Jahren mit ihm befreundet bin und drehe, sondern weil ich für mich hier viele Lösungen für meine Probleme finden konnte. Und das kann ich auch genauso sagen. Mir hat Martins Trainingsprogramm für den Charakter meines Hundes und meine Einstellung zum Thema Hund gutgetan. Das bedeutet aber nicht, dass dieses Training für jeden

Ponti, Phoebe und Oli. Gemeinsam in die Zukunft.
(Foto: Max Sonnenschein)

anderen Menschen und jeden anderen Hund die perfekte Lösung sein muss. Bei Martin läuft vieles über Futterbelohnung. Das passt bei Pontus und Phoebe perfekt. Die beiden Damen sind so unfassbar verfressen, dass sehr schnell Trainingserfolge zu sehen waren, die nach wie vor auch ohne Futterbelohnung anhalten.

Für die Dreharbeiten meiner Yahoo-Serie „Olis Hundeleben" hatte ich das Vergnügen, noch zwei andere Herangehensweisen kennenzulernen. Mit dem Hundetrainer Dirk Lentzen drehte ich Beiträge über das Lernen der Grundsignale, sinnvolles Hundespielzeug und ob Anziehsachen für Hunde nötig sind. Er ist ein sehr straighter und freundlicher

Mensch, der einfach großartig mit den Tieren umgeht. Die Parallele zu Rütter ist, dass er auch belohnt. Aber die Art der Belohnung ist anders. Er tut es nicht mit Futter, sondern mit körperlicher Nähe, loben, streicheln. Und ich muss sagen, dass das auch total gut klappt. Das ist eine andere Variante, die für mich infrage gekommen wäre.

Die dritte Variante geht eher in Richtung reine Körpersprache mit klaren Signalen. Irgendwie tougher mit starker Durchsetzungskraft. Das war eher nichts für mich, da es nicht zu meinem Charakter passt. Ich denke, dass diese Variante gerade bei Phoebe mehr verschreckend wirken würde. Sie ist so sensibel, dass sie schon auf Blicke reagiert.

Bestechung durch Leckerlis? Ich? Niemals!
(Foto: Max Sonnenschein)

Ich glaube schon, dass es ein Unterschied ist, ob man einerseits mit einem Kangal, einer Bulldogge, einem Boxer oder einem Labrador trainiert und andererseits, ob man den Hund zum Arbeiten oder für den Alltag trainieren mag. Man muss auf jede Situation und jeden Charakter eingehen. Am Ende des Tages geht es um Vertrauen. Das Gefühl und die Chemie müssen stimmen.

Mir war es wichtig, darüber zu schreiben, da auf den vielen Hundeevents und Messen immer wieder Leute auf mich zukommen und mir sagen, was sie von Milan, Rütter und Co halten. Ich denke mir, dass man es auch da so halten sollte wie in allen Bereichen, nicht spekulieren, sondern informieren und ausprobieren. Ich bin mit Martins Methode sehr zufrieden. Andere können damit nichts anfangen und feiern Cesar Milan. Ich habe mich mit Cesar nicht beschäftigt. Aus dem einfachen Grund, da ich mit meinen Trainingserfolg zufrieden bin und nicht nach anderen Varianten schauen muss.

Jeder muss das für sich herausfinden. Ich weiß nicht, wie Martins Variante greifen würde, wenn mein Hund sehr aggressiv wäre. Vielleicht müsste ich dann etwas anderes machen. Aber das ist in meinem Fall alles Spekulation, da die Situation so ist, wie sie ist. Ich will deswegen auch nicht Sachen bewerten, die ich nicht beurteilen kann, da ich sie nicht erlebt habe. Im Ernährungsbereich mache ich das gerne, da das mein Expertengebiet ist. Wie im Veterinärbereich rate ich dazu, auch mal nach Empfehlung und Mundpropaganda zu gehen.

Beim Training ist eine Sache verdammt wichtig: das Timing. Bevor man selber zu viel herumprobiert und möglicherweise durch falsches Timing Signale falsch verknüpft, ist es keine Schande, sich einen Trainer zu suchen. Ich habe das Gefühl, dass nicht unbedingt viele Stunden im Gruppentraining wichtig sind, da der Hund schon zwischen Trainingsplatz und privatem Umfeld differenzieren kann. Ellen hatte sehr intensive wenige Stunden mit uns. Die Arbeit geschah nicht auf dem Hundeplatz. Sie beobachtete und analysierte. Danach gab sie uns eine Liste mit Hausaufgaben mit. Diese setzten wir dann zu Hause und in unserem Umfeld mit den Hunden um. Denn da sollte es ja auch klappen.

Falls ihr Lust auf ein D.O.G.S.-Seminar habt, schaut doch mal im Internet nach. Es gibt überall in Deutschland Martins Trainingszentren. Was die Kölner Variante mit Ellen betrifft, so findet ihr immer wieder Online Flyer auf unserer Ladenseite auf Facebook. Einfach „Stöckchens Delikatessen" eingeben. Vielleicht sehen wir uns bei einem ihrer Seminare persönlich. Wir gehen nach wie vor hin.

Urlaub mit Hund

Organisation ist alles. Das gilt für den ganz normalen Alltag mit Hund, aber auch für längere Ausflüge und Reisen. Manchmal ist es schon ein kleinerer Akt, immer die richtige Leine, einen Trinknapf und Wasser für den Notfall, ein paar Leckerlis, etwas zum länger Knabbern, vielleicht ein Sabberwegwischtuch (wie das Herrchen von meinem Boxerfreund Baron, der immer eins dabei hat), ein Spielzeug oder auch eine kleine Decke zum Ablegen und natürlich Kotbeutel dabei zu haben. Okay, Leine und Kotbeutel sollten immer dabei sein, der Rest nach Bedarf. Im Urlaub kommt noch einiges dazu. Das Hundebett muss mit, eine Ersatzleine auch. Das Essen muss man organisieren und einplanen, wie viele Portionen man braucht. Bei Trockenfutter und Dosen ist das leicht, im Barfbereich mit einem größeren Aufwand verbunden, da beim Mitnehmen des gefrorenen Fleisches unbedingt die Kühlkette eingehalten werden muss.

Man kann sich aber auch im Vorfeld informieren, ob es einen Barfladen am Zielort gibt. Wir regeln das bei längeren Reisen immer so, indem wir bei einem Tiefkühlbarfanbieter im Voraus eine ausreichende Menge an Fleisch an den Zielort schicken lassen und organisieren uns das Obst und Gemüse vor Ort dann selbst. Wenn man das im Urlaub nicht pürieren mag, gibt es noch die Trockenflockenvariante, die man mit Wasser aufkocht. Wem auch dieser Aufwand zu groß ist, für den gibt es fertige Smoothies mit Öl. Diese muss man nur noch über das Fleisch geben und die Mahlzeit ist fertig.

Zudem gibt es Reiseanbieter, die einen besonderen Service anbieten. Neben Hotels, in denen Hunde stets willkommen sind, kümmern sich die Reiseanbieter auch um das Organisieren des Futters. Man nennt bei Buchung nur die Vorlieben des Hundes sowie die empfohlene Futtermenge und der Rest läuft automatisch. Das Futter steht am Zielort bereit und muss nicht mehr mit viel Aufwand mitgenommen werden.

Eine Wochenration fertig zum Einfrieren.
(Foto: Oli Petszokat)

DIE STRÄNDE IN HOLLAND

Am Ende dieses Buches an dieses Buch werde ich eine kleine Liste von Anbietern und Homepages, die ich empfehlen kann, anhängen: von A bis Z. Unser letzter Urlaub mit Hund führte uns nach Holland. Es ist toll, wie unfassbar hundefreundlich die Leute dort sind. Und das Beste ist, dass man gerade in der Nebensaison mit seinem Hund überall am Strand herumtollen kann. Das war unser schönstes Erlebnis mit den beiden Damen. Neben dem Winterwald im sächsischen Erzgebirge ist der Strand in Noordwijk unser absoluter Lieblingsort für Urlaub mit Hund. Wir sind an einem Sonn-

Pontus am Strand. Besser geht es einfach nicht!
(Foto: Oli Petszokat)

tag spontan ins Auto gestiegen und waren von Köln aus knappe drei Stunden später am Meer.

Viele Hundefreunde hatten uns von den holländischen Stränden berichtet. Ich konnte mir das bis dahin nicht vorstellen, dass man dort die Hunde tatsächlich ableinen kann. Ein früherer Urlaub vor einigen Jahren führte mich nach Italien, damals noch ohne Pontus. Phoebe und ich suchten im italienischen Caorle einen Ort zum Freilaufen. Leider waren nicht nur die Restaurants und Hotels, sondern auch alle Strände für Hunde kein willkommener Ort. So blieb mir nichts anderes übrig, als mit ihr weiterzufahren. In Holland war das komplett anders. Als wir den Weg zum Strand hinunterliefen, sahen wir auf dem schier endlosen Sandstrand rechts und links überall Menschen mit ihren Hunden. Im Sand sitzend, spielend, rennend, schlendernd.

Die Hunde waren alle total entspannt und freundlich untereinander. Als ob sie wussten, dass das hier verdammt nah am Paradies sein muss. Phoebe ist als halber Labrador sofort ins Wasser gesprungen. Das ist ihr Element. Ihren Gesichtsausdruck, als sie das erste Mal Salzwasser im Mund hatte, werde ich garantiert nicht vergessen. Nach einem langen Spaziergang konnten wir sogar entspannt mit Hund in eine sehr schöne Restauration direkt am Strand einkehren.

Ein absoluter Wasserhund – egal bei welchem Wetter.
(Foto: Oli Petszokat)

Auch die war randvoll mit Hunden aller Couleur und die wurden von den Kellnern einfach gut behandelt. Jetzt weiß ich, warum alle Hundetrainer, die ich in Köln kenne, immer ihre Kursreisen dorthin machen. Das muss man unbedingt einmal erlebt haben. Die Nebensaison bietet sich perfekt dafür an. Generell kann man einfach mal drauflos googeln und „Urlaub mit Hund" eingeben. Auch um sich zu informieren, wo es einfach oder eher schwierig ist, mit Hund unterzukommen und auch ohne Leine unterwegs zu sein – ob irgendwo in der Natur, in Städten oder am Meer.

Der letzte Weg

Das nächste und letzte Thema ist wahrscheinlich das schwierigste überhaupt in unserem Leben mit einem Hund als Familienmitglied. Im Leben mit Menschen und im Leben mit Tieren wird dieses Thema bei uns in Deutschland unterschiedlich behandelt, die aktive Sterbehilfe, bei Tieren Einschläferung genannt.

Ich habe dieses Thema zum Glück noch nie durchmachen müssen und wollte anfangs einen Bogen darum machen, aber irgendwann wird der Moment gekommen sein. Deshalb finde ich es auch wichtig, sich darüber im Vorfeld Gedanken zu machen. Wie erkennt man den Moment, in dem man die Entscheidung für sein Tier treffen muss? Die Entscheidung, dass man den Weg vom Tierarzt nach Hause ohne seinen treuen Freund antreten wird. So eine Entscheidung trifft man in Absprache mit seinem Tierarzt, aber es ein harter Schritt.

Danach gibt es verschiedene Möglichkeiten, mit den Überresten zu verfahren. Zum Beispiel kann man sein Tier einäschern lassen. Ob man die Urne beisetzt oder mit nach Hause nimmt, kann man selbst entscheiden. Man kann aus der restlichen Asche einen Stein machen lassen, den man fortan immer bei sich trägt.

Besser man informiert sich vorher, damit man im möglichen Moment der Trauer einen Plan hat, wie es weitergehen kann. Selbst eine kleine Trauerzeremonie ist machbar. Durch ein sehr emotionales Interview konnte ich mit den Ideengebern des Rosenhofes, von dem es bundesweit Niederlassungen gibt, sprechen und vieles über das Thema erfahren.

Hat man mehrere Hunde, ist es wichtig, auch dem anderen Tier die Möglichkeit zu geben, Abschied zu nehmen. Sonst könnte es vorkommen, dass das zurückbleibende Tier zum Beispiel immer warten würde, dass der Kamerad zurückkommt. Bei einem Abschied nach der Einschläferung versteht ein Tier, dass das andere gestorben ist und kann anders mit der Situation umgehen. Manche Tiere trauern dann, manche Tiere werden sich ihrer möglichen neuen Rolle in der Familie bewusst. Es gibt ganz unterschiedliche Reaktionen.

Auch wenn ich mir wünsche, dass so etwas niemals eintreffen wird, sieht die Realität leider anders aus. Wir sollten uns mit allen Möglichkeiten und Konsequenzen einmal auseinandergesetzt haben. Auf das unsere verbleibenden Momente mit unseren Hunden in jeder Sekunde lebenswert und erfüllt sind!

(Foto: Max Sonnenschein)

ALLERLEI NÜTZLICHES

Da heutzutage so ziemlich jeder mit einem Smartphone ausgestattet ist, sind Apps einfach nicht mehr aus unserem Leben wegzudenken, etwa um Bilder zu bearbeiten.

Bildbearbeitung

Fast alle privaten Bilder hier im Buch habe ich mit einer App namens Rookie bearbeitet. Gute Filter und Bearbeitungstools, eine schicke Stickerauswahl mit der Möglichkeit, Texte einzufügen. Komplettiert wird mein Hobby, das Fotobearbeiten, durch die Partnerapp von Rookie, namens Moldiv. Auch dort kann man Sticker und Texte einfügen, Bildteile einfach ausschneiden und auf andere Bilder setzen. Man kann tolle Collagen machen – und andere Spielereien. Auch das Videodrehen ist dank Smartphone kein Problem mehr. Wer Lust auf andere Looks und Farbfilter bei bereits gedrehten Videos haben sollte, dem empfehle ich die Chromic App. Durch die jage ich so gut wie alle meine Videos.

Giftköderradar

Neben diesen optischen Spielereien gibt es aber auch sehr hilfreiche und sinnvolle Apps. Unter diesen sticht meiner Meinung nach der Giftköderradar hervor. Für Deutschland, Österreich und die Schweiz bietet die App Hundehaltern und Hundefreunden die Möglichkeit, sich gegenseitig zu warnen, wenn leider Gottes Giftköder ausgelegt wurden. Zum Glück ist mir so etwas noch nicht passiert. Leider hat es vor geraumer Zeit eine Bordeauxdogge aus der Nachbarschaft erwischt.

Ich habe gemeinsam mit Giftköderradar ein kleines Video gedreht, welches aufzeigt, wie man durch gezieltes Training die Hunde dazu bringen kann, nicht alles zu essen, was im Wald und auf der Straße liegt. Jeder, der da etwas machen möchte, sollte mit seinem Trainer sprechen, arbeiten und einen passenden Trainingsansatz finden. Unter Anleitung lernt sich das richtige Timing gleich viel leichter.

Außer der Warnfunktion bietet die App auch noch eine Veterinärsuche. Sehr hilfreich, wenn wirklich einmal etwas passieren sollte. Entweder ist man zu aufgeregt oder man ist möglicherweise irgendwo unterwegs, wo man sich nicht auskennt. Über die Standortfreigabe sucht einem die App den nächsten Veterinär. Einfach klasse, dieser Service. Macht weiter so!

DUBL

Neben der Möglichkeit, sich und seinen Hund auf ein Video oder Foto zu bannen und für die Ewigkeit zu erhalten, gibt es auch die kuriose Idee, sich mit seinem Hund drucken zu lassen – mit einem 3D-Drucker. Man geht mit seinem Hund in einen Raum, der voll mit Fotoapparaten behangen ist. Diese machen zeitgleich ein 360-Grad-Bild. Diese Daten werden dann in einen 3D-Drucker gespeist. Nach ein paar Tagen bekommt man seine eigene kleine Actionfigur. Diese Figuren sind in mehreren Größen erhältlich, entweder als Erinnerung für sich selbst oder als Geschenk für die Familie – ideal und mal was anderes. Unsere haben wir bei DUBL in der Kettengasse in Köln gemacht. Es gibt aber auch in anderen Städten einige Anbieter.

GPS

Immer wieder kommt es leider vor, dass Hunde weglaufen. Ob aus Neugierde, aus Furcht, auf der Jagd oder vor Schreck. Es gibt mehrere Möglichkeiten. Manche Hunde sind gefährde-ter als andere, gerade wenn man seinen Hund in fremde Hände gibt. Wenn es dann zu einer unerwarteten Situation kommt, ob in der Stadt oder im Wald, kann es sein, dass es nicht gelingt, den Hund wieder einzufangen. So passiert in meinem Bekanntenkreis. Der Hund wurde betreut und war mit einem kleinen Rudel im Wald unterwegs. Durch einen Schreckmoment nahm er Reißaus. Leider wurde der Dame, die auf den Hund aufpasste, nicht gesagt, dass er sehr schreckhaft sei und schon öfters ausgebüxt war. Nach drei Tagen wurde er von einem Förster gefunden. Zum Glück war er unversehrt. Das kann aber auch ins Auge gehen, gerade in der Stadt im Straßenverkehr ist das sehr gefährlich.

So ein Stock ist was Feines. Leider gibt es nur einen auf der Welt. (Foto: Max Sonnenschein)

Wer da auf Nummer sicher gehen will, der kann einen GPS-Tracker am Halsband des Hundes befestigen. Diese Technologie kennt man aus dem Skisport. Dort werden solche Tracker auch in Jacken genäht oder von Wintersportlern mitgeführt, damit man sie im schlimmen Fall eines Lawinenabgangs schneller finden kann. Dies funktioniert bei der Hundevariante auch in Zusammenarbeit mit dem Mobiltelefon. Die App zeigt dir sofort an, wo sich der Hund befindet .Für manche eine Spielerei, aber ich denke, dass man im Ernstfall gerne diese Möglichkeit hätte. Also von meiner Seite aus: Daumen hoch. Aber wir hoffen, dass man den GPS-Tracker niemals brauchen wird.

Hunde-Erste-Hilfe

Für meine Yahoo-Sendung „Olis Hundeleben" konnte ich einmal reinschnuppern, was Erste Hilfe am Hund bedeutet. Bis dahin hatte ich mir darüber noch nie Gedanken gemacht. Nach dem Dreh denke ich, dass das jeder einmal machen sollte: vom Checken der einzelnen Körperfunktionen bis zu den Möglichkeiten, Schmerzursachen oder Verletzungen zu finden. Es ist allein schon sinnvoll, die Griffe zu lernen, wie man einen Hund problemlos und sicher hinlegen kann, um ihn dann zu untersuchen oder zu versorgen. Man lernt, wie man die Schnauze fixieren kann, damit der Hund nicht durch

Phoebes Lieblingsspiel seit dem Welpenalter: Verstecken hinter dem Baum. Immer wieder aufregend. (Foto: Max Sonnenschein)

Schmerz und Panik um sich beißt. Er versteht ja nicht unbedingt, dass ihm geholfen wird. Auch war es gut aufzufrischen, wie man einen Druckverband anlegt, denn das ist ja nicht nur für einen Ernstfall am Hund hilfreich. Selbst wie man einen Hund am besten trägt, wird einem gezeigt. Am spannendsten war die Mund-zu-Schnauze-Beatmung. Man lernt, wo man genau auf die Rippen drücken muss und wie oft man wie in die Hundeschnauze Luft hineinpusten muss. Informiert euch im Internet. Erste-Hilfe-Kurse für den Hund gibt es von verschiedenen Anbietern. Man hofft, dass man seine Kenntnisse niemals anwenden muss, aber im Ernstfall ist man froh darüber.

Wenn man Hunden im Tierschutz helfen mag

Seitdem ich auch öffentlich erkennbar viel in der Tier- und speziell in der Hundewelt aktiv bin, bekomme ich sehr viele Nachrichten über soziale Netzwerke den Tierschutz betreffend: Anfragen zu Paten- und Schirmherrschaften, Spendenaufrufe für Tierheime, Aktionen, die Hunde aus dem Ausland nach Deutschland holen, generell Aufrufe sich zu positionieren, etwas zu Listenhunden zu sagen, Petitionen zu posten und zu unterschreiben et cetera. Mir liegen das Glück und die positive Zukunft eines jeden Hundes am Herzen. Da geht es uns allen gleich.

Ich habe keine Chance. Sie ist immer schneller, aber ich arbeite dran.
(Foto: Max Sonnenschein)

Auch wenn ich mich viel informiere und regen Austausch mit Trainern, Tierschützern, Hundefreunden, Tierheimen, Trainern et cetera habe, bedeutet es nicht, dass ich zu jedem Thema etwas beitragen kann.

Aber ich habe eine generelle Haltung, Wünsche und Ansichten Tierschutzthemen betreffend. Schwierig wird es leider für mich, wenn es Projekte oder Themen sind, die nicht in unmittelbarer Nähe stattfinden. Ich weiß, dass es auch im Ausland hilfsbedürftige Tiere gibt. Ich denke, ich spreche im Sinne aller, dass ein jeder von uns am liebsten allen helfen würde. Aber das ist leider nicht möglich.

Ich werde zum Beispiel gebeten, mich für Petitionen für Tierschutz im Ausland einzusetzen oder immer wieder Geld zu spenden, damit Hunde aus zum Beispiel Bulgarien oder Griechenland nach Deutschland transportiert werden können. Ich finde es generell mehr als großartig, wie sich viele Organisationen und gerade die Privatpersonen aufopfern, um Gutes zu tun. Von ihnen hätte ich gerne mehr auf der Erde.

Leider ist es wie in allen Bereichen so, dass es auch im Tierschutz schwarze Schafe gibt. Es wird immer Menschen geben, die aus misslichen Situationen anderer Kapital schlagen wollen. Deshalb tue ich mich schwer damit, Einrichtungen oder Aktionen zu unterstützen, die für mich nicht greifbar sind.

Fang den alten Zausel.
(Foto: Max Sonnenschein)

Ich möchte sehen, wo die Hilfe hingeht. Das bedeutet im Umkehrschluss, dass ich mich sehr wohl für den Tierschutz einsetze, Tierheimen helfe, Spendenaufrufe mache und auch selber Futter und Sachspenden tätige. Aber ich bringe sie ans Ziel. Ich rede mit den Leuten vor Ort. So kann ich direkt nachvollziehen, wo die Probleme liegen und wie ich gezielt ohne Verlust helfen kann.

Ich unterstütze lieber nur eine Handvoll Projekte, die dann aber richtig und mit voller Überzeugung. Aber das ist jedem selbst überlassen. Wer helfen will, der wird in Deutschland und auch im Ausland immer wieder unterstützenswerte Aktionen finden.

Wie sehr man sich im Vorfeld informiert und sich einbringt, liegt an einem selbst. Ich beschränke mich momentan auf Tierheime und Gnadenhöfe.

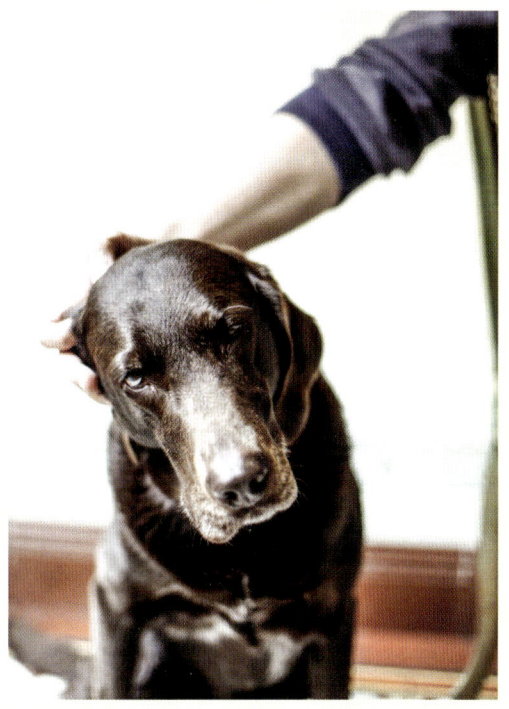

Ich kann mir nicht vorstellen wie es ist, wenn sie einmal nicht mehr da ist. Phoebe. (Foto: Max Sonnenschein)

Links, die ich empfehlen kann

Abschließend möchte ich euch eine Auflistung von tollen Produkten, Partnern, befreundeten Hundemenschen, Einrichtungen und Websites geben, die ich alle selbst kenne, nutze und empfehlen kann.

Das bedeutet nicht, dass es nicht auch andere spannende Sachen gibt, aber dass sind die, die sich in meinem Leben mit Hund bewährt und durchgesetzt haben. Findet eure! Viel Spaß und vor allem Gesundheit wünsche ich euch mit euren Hundefreunden. Es gibt so viel gemeinsam zu entdecken. Und denkt daran: Es ist noch kein Meister vom Himmel gefallen.

- Hundebetreuung Stephanie König
- www.tierischzuhause.de (HEYA, Hundetagesstätte)
- www.hunter.de
- www.cadmos.de
- www.ruetters-dogs.de/standorte/koeln
- www.dogstyler.de
- www.dr-clauder.com
- www.beutekueche.com
- www.giftkoeder-radar.com
- www.wasserfall-koeln.de
- www.mysportydog.de
- www.bonesfordogs.de
- www.hempetito.de

(Foto: Max Sonnenschein)

DAS WAR'S

Ich hoffe, ich konnte euch einen Einblick in mein Hundeleben geben. Vielleicht konnte ich euch auch zu dem einen oder anderen Gedanken anregen. Es liegt mir einfach sehr am Herzen, dass man anfängt, alles bewusster zu machen. Jeder Mensch für sich – nicht nur im Umgang mit Hund, auch im Umgang mit seinem eigenen Leben und Körper. Auch für uns ist eine bewusstere Ernährung eine gute Sache. Ich ernähre mich schon eine Weile nach dem Paleo-Prinzip (www.paleo360.de). Ein spannendes Thema mit erstaunlich vielen Parallelen zum Barfen.

Falls ihr Interesse habt, etwas mehr ins Thema Ernährung beim Hund oder sogar bei der Katze einzusteigen, möchte ich euch die Beuteküche empfehlen. Besucht sie doch mal bei Facebook oder im Internet. Die Beuteküche bietet deutschland- und österreichweit Barfkurse an und hat auch Alternativen. Sie zeigt das sowohl in Tiermärkten als auch in einem kleineren privaten Kreise. Fragt doch einfach, wann der nächste Kurs

in eurer Nähe stattfindet. Auch Websiminare werden angeboten. Ich arbeite seit 2014 mit dem Team der Beuteküche zusammen und habe mit ihm gemeinsam an den Präsentationen und am Konzept gearbeitet. Es macht total Spaß und sowas von Sinn. Vielleicht kommt ihr mal auf einer der zahlreichen Hundemessen in Deutschland vorbei, auf denen ich auch mit von der Partie bin, schaut zu und besucht mich.

Im Dosenfutterbereich arbeite ich mit der Firma Dr. Clauder zusammen. Gemeinsam haben wir eine ganze Linie entwickelt und herausgebracht, die jeden einzelnen Teil des Barfens auch als fertiges, haltbares Produkt beinhaltet: vom Fleisch übers Öl, Gemüse, Kräuter, Kalzium, Zahnpflege, Enzyme et cetera. Ihr könnt das ganze Sortiment inklusive Erklärungsvideos gerne einmal genauer ansehen. Jedes einzelne Produkt ist mit einem QR-Code versehen. Scannt der Verkäufer oder Käufer diesen Code ein, startet ein kleines Video, in dem ich das jeweilige

Meine Freundinnen, meine Familie.
(Foto: Tali Photography)

Produkt erkläre. So wird es leichter gemacht zu verstehen, um was es sich dreht und wie es in den Napf kommt.

Schaut doch mal unter: www.liebedeintier. com. Dort findet ihr auch den geruchs-neutralen Napf, der auf einigen Bildern hier im Buch zu sehen ist und viele andere nütz-liche Dinge rund um den Hund: Alles meiner Meinung nach sinnvoll, zum Beispiel auch das Tiefkühlbarffutter von Petman. Auch dort gibt es jeden Bestandteil des Barfens im Tiefkühlbereich – von Fleisch und Gemüse, über Knochen und Innereien.

Tja, das war's. Mein erstes Buch ist fertig geschrieben und ich freue mich sehr, dass es dazu gekommen ist. Gerade, dass es nicht eine der vielen Biografien, sondern ein Buch mit einem echten Sinn und Inhalt geworden ist. Passt auf euch und eure Fellnasen auf.

Bis bald. Entweder wir lesen uns im Internet, sehen uns auf einer Hundeveran-staltung oder ihr schaut mal bei uns im Laden „Stöckchens Delikatessen" vorbei.

Ich wünsche euch von ganzem Herzen alles Gute, tolle Jahre und viel Liebe, Gesund-heit und Freundschaft mit euren Lieben!

Lieber Gruß
Pauline, Pontus, Phoebe und Oli.

(Foto: Max Sonnenschein)

STICHWORTREGISTER

Andreas Werner
DOODLE

Der Doodle erfreut sich weiterhin steigender Beliebtheit. Sein aufgeschlossenes Wesen macht ihn zum idealen Familienhund. Andreas Werner beschreibt in seinem Buch, welche unterschiedlichen Doodle-Typen es gibt und worauf der Doodle-Käufer bei der Auswahl des passenden Hundes achten sollte. Kurz: Hier finden sich alle wichtigen Informationen für ein glückliches Leben mit dem Doodle.

80 Seiten broschiert | 978-3-8404-2812-8
Auch als E-Book erhältlich

Angela Knocks-Münchberg
KRÄUTERBUCH FÜR HUNDE

Die Natur hält auch für unsere Hunde allerlei Heilkräuter bereit, mit denen viele Beschwerden und Erkrankungen auf natürliche Weise gelindert und sogar geheilt werden können. In diesem Buch wird nicht nur ausführlich beschrieben, wie man die geeigneten Kräuter sammelt und konserviert, wie man sie anwendet und richtig dosiert, sondern auch, welche Inhaltsstoffe sie haben, wie sie wirken und gegen welche Beschwerden sie eingesetzt werden können.

80 Seiten gebunden
ISBN 978-3-8404-2038-2
Auch als E-Book erhältlich

Maria Hense und Christina Sondermann
PERSPEKTIVWECHSEL

Jeder Hundebesitzer kennt die kleinen Herausforderungen im Zusammenleben mit seinem Hund. Dem einen Hund fehlt es an Nervenstärke, der andere geht jagen oder vertreibt Besucher. Statt sich nur auf diese Schwächen zu konzentrieren, sollten Sie die Perspektive wechseln und die Stärken Ihres Hundes ausbauen, damit das Zusammenleben von Mensch und Hund harmonischer wird.

128 Seiten broschiert
ISBN 978-3-8404-2035-1
Auch als E-Book erhältlich

Anders Hallgren
EINFACH ARTGERECHT

Dieses Buch soll ein Wegweiser zur bestmöglichen Beziehung mit unseren Hunden sein. Es erklärt, wie wir am besten mit ihnen interagieren, sie motivieren und führen, und wie wir einfach mit ihnen zusammen sein und Spaß haben können. Die Ratschläge folgen einem rein ethischen Ansatz, der sich unter anderem auf den gesunden Menschenverstand und die moderne Verhaltensforschung stützt.

144 Seiten gebunden, Klappenbroschur
ISBN 978-3-8404-2039-9
Auch als E-Book erhältlich

Ursula Gauchat
„SCHASU" – SCHATZSUCHE MIT HUND

„SchaSu" ist nicht nur außerordentlich spannend für Mensch und Hund, es verstärkt ganz nebenbei die Bindung, Konzentration und Aufmerksamkeit des Hundes."SchaSu" nutzt die Fähigkeit des Hundes, geringste Geruchsspuren aufzuspüren und auch voneinander zu unterscheiden. Der Hund lernt nicht nur schnüffeln und finden, sondern gezielte Sucharbeit und eine saubere Anzeige zu leisten.

96 Seiten broschiert
ISBN 978-3-8404-2515-8
Auch als E-Book erhältlich

CADMOS   www.cadmos.de

Cadmos Verlag GmbH | Röntgenstraße 24 | D-21493 Schwarzenbek | Tel. +49 (0)4151/87907-0 | Fax +49 (0)4151/87907-12